立体裁剪基础事典

LITI CAIJIAN JICHU SHIDIAN

刘 丹◎著

化学工业出版社
·北京·

《立体裁剪基础事典》从立体裁剪的基础知识、原型理论、成衣操作范例和创新设计应用四个方面，循序渐进地解析了服装立体裁剪的知识体系和操作技能。书中的成衣操作范例部分，详细介绍衬衫、裙装、外套、连衣裙、大衣等各类款式的实际操作步骤，引导学生在规范化处理结构的同时，又能形象地把握立裁中"型"的塑造。创意设计应用部分，通过独特的技法展示和大量的学生课堂实践作品，拓展读者的创意设计思维。全书内容由浅入深、由成衣款式到创意设计；理论与实践并重、技术与艺术兼容。

　　每章的重点部分通过二维码技术，采用微课的形式制作数字化视频资源，读者扫描二维码即可进入在线数字化资源库进行学习。清晰的视频展示，有利于读者快速地跟随书中内容进行实际操作与学习，提高读者学习效率，促进读者短时间内有效掌握立体裁剪的操作技能。纸质教材与数字化技术相结合，便于读者全面系统地掌握立体裁剪的理论体系和操作技术。

图书在版编目（CIP）数据

立体裁剪基础事典/刘丹著．—北京：化学工业出版社，2017.12（2023.8重印）
ISBN 978-7-122-31192-4

Ⅰ．①立… Ⅱ．①刘… Ⅲ．①立体裁剪-教材
Ⅳ．①TS941.631

中国版本图书馆CIP数据核字（2017）第313283号

责任编辑：李彦芳　　　　　　　　　　装帧设计：史利平
责任校对：王素芹

出版发行：化学工业出版社（北京市东城区青年湖南街13号　邮政编码100011）
印　　装：涿州市殷润文化传播有限公司
889mm×1194mm　1/16　印张12　字数236千字　2023年8月北京第1版第3次印刷

购书咨询：010-64518888　　　　　　　售后服务：010-64518899
网　　址：http://www.cip.com.cn
凡购买本书，如有缺损质量问题，本社销售中心负责调换。

定　　价：49.80元

前言 FOREWORD

服装立体裁剪是服装设计专业的主干课程之一，是一门艺术与技术相结合的课程。在培养学生立体造型能力、服装样板制作与修正、启迪学生创造性思维、设计与制作时尚前沿产品等方面具有重要作用。立体裁剪从表面上看是一种技能性的操作，但是它需要操作者具有较好的艺术直觉和灵活的操作手势，这种"直觉+灵动"的专业素质，要求训练学生脑、眼、手并用。在现行教学方法中，作为初学者的学生，往往只用眼和手机械地模仿教师操作。在学习操作过程中存在着"来不及思考"和"不会思考"的现象。这种机械模仿的教学方法极易导致学生综合设计和实践应变能力不足，从而造成教学效果达不到既定的人才培养目标。这也是我国服装教育水平与国际上高水平服装教育存在差距的原因之一。

本书遵循"实用、精品、创新"三原则，从立体裁剪的基础知识、原型技法、成衣操作范例和创新设计应用四个方面，由浅入深地对立体裁剪的构成方式进行分析和解读。成衣范例演示步骤完整，阐述透彻。创新设计应用部分运用新颖独特的艺术表达方法，启发学生的设计创作灵感。内容由易到难，图文并茂。重点章节均备有服装立体裁剪与制作过程的视频资料，便于读者更加全面系统地掌握服装造型技术。本书既可作为培养服装专业应用型、技能型人才的教学用书，又可作为服装爱好者提升服装立体裁剪理论知识和操作水平的有益读物，在教学和企业生产中均有一定的实用价值。

本书结合笔者多年的教学实践和教改经验写成。书中的创意应用作品由广州大学美术与设计学院服装设计专业学生提供，学生肖丽玲、张艳整理。

借本书出版之际，对给予我帮助的前辈及所有同仁致以深深的谢意。由于笔者水平有限，书中难免存在不妥之处，恳请专家学者给予指正。

著者

2017年9月

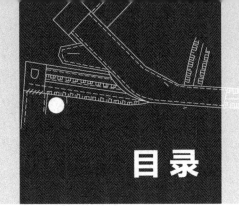

目录 CONTENTS

第六章　立体裁剪的创新设计应用　　　139

第一章

立体裁剪的基础知识

立体裁剪是将人体、素材、造型三个因素密切结合成一体的艺术构思手法，是启发服装设计灵感的有效手段之一。它的优越性在于能有效地把握服装结构与创意造型的内在联系。正所谓工欲善其事，必先利其器。合理正确地选择和使用立体裁剪的工具及材料，对于服装塑型效果至关重要。本章具体介绍立体裁剪的准备工作。

第一节

立体裁剪的工具与材料

一、人台

　　人台又称人体模特，是按一定比例的人体数据用特殊材质和技术再现人体立体状态的模型，也是立体裁剪过程中必备的用具之一。人台常用于服装设计、服装裁剪制作、试衣以及服装品质检验等多个服装生产环节。在特殊服装制作过程中，如特殊体型服饰、孕妇服、童装中，人台也起到了不可替代的作用。我国人台生产行业起步较晚，最初的人台生产企业大多是仿制国外较成熟的人台产品，或是略作改进，产品比较单一，从人体数据的采集、分析、归纳等研究方面，还没有形成一个针对我国市场的人台数据标准参数。近年来，随着服饰产业的发展，消费者对服装合体性及品质要求不断提高，人台的数据标准化得到了重视，更多的企业与专业院校及科研机构合作，共同开发研制中国式人台的开模技术和人体尺寸数据库建设，并逐步获得了可喜成果。

　　人台因其用途和使用目的不同，种类、形态和材质也不尽相同。如图1-1所示，根据不同地域，可分

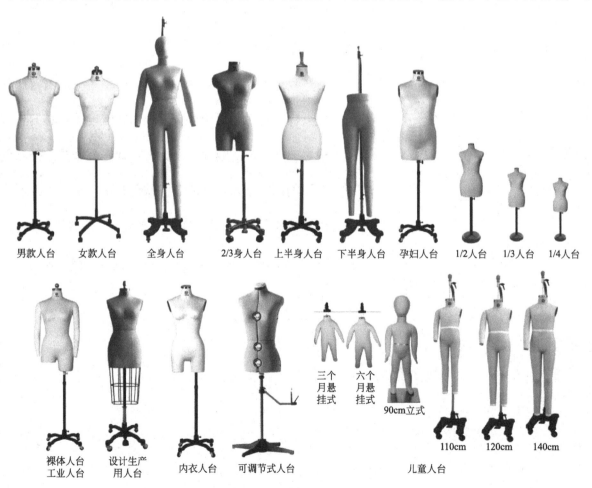

男款人台　　女款人台　　全身人台　　2/3身人台　　上半身人台　　下半身人台　　孕妇人台　　1/2人台　　1/3人台　　1/4人台

裸体人台　　设计生产　　内衣人台　　可调节式人台　　　　三个月悬挂式　　六个月悬挂式　　90cm立式　　　110cm　　120cm　　140cm
工业人台　　用人台　　儿童人台

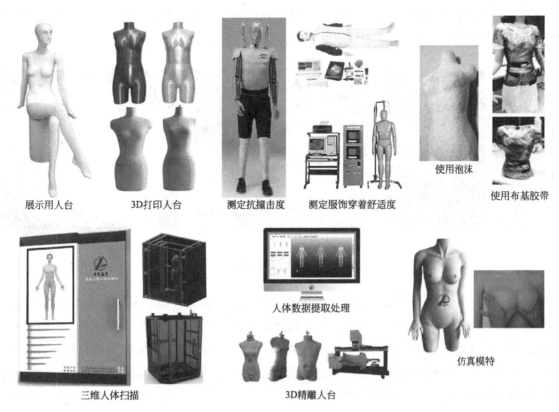

展示用人台　　　　3D打印人台　　　　测定抗撞击度　　　测定服饰穿着舒适度　　　　使用泡沫

使用布基胶带

三维人体扫描　　　　　　　　人体数据提取处理　　　3D精雕人台　　　仿真模特

图1-1　人台的种类

为美式人台（美国地区）、欧式人台（英、法、意等地区）、日式人台（日本）；根据性别分为男款人台、女款人台；根据人台的长度分为全身人台、2/3身人台、上半身人台、下半身人台；根据比例分为全身人台、1/2人台、1/3人台、1/4人台；根据用途不同分为展示人台、科研人台、设计生产人台、自制人台。其中，设计生产人台又可分为两类，一是不加放松量，形态比较接近真实人体尺寸的裸体人台；二是在裸体人台数据的基础上科学地加入放松量，由固定的规格号型构成的工业生产用的人体模型，适合于外套和宽松式服装造型设计，以及在成品检验环节使用的工业人台。自制人台可使用石膏、泡沫、布基胶带或通过3D打印等方式实现。

　　在以上众多种类的人台中，立体裁剪制作过程中通常选用可插针的设计生产人台，人台的长度选择可根据具体服装款式和造型要求决定。同时，根据制作服装的尺寸选取相应的人台型号。需要注意的是，在国内现有的品牌中，即使同一部位的围度相同，其宽度与厚度也会有差异。在选择人台时，需注意观察胸部、腰部、臀部的比例关系，各部位宽度与厚度数据的合理性，观察人台的前面、侧面、后面的线条曲线结构特征，从而选择符合使用要求的人台。

二、材料

（一）服用材料

服用材料是指用以加工制成服装产品的材料（图1-2），对服装的造型、色彩、功能等起主要作用。服用材料的品种非常丰富，按材料可以分为纤维材料和非纤维材料。纤维材料是以纤维为原料，经过纺纱、织造等工艺过程形成的服装材料，包括针织物、机织物、非织造布等，如棉、麻、丝、毛及各类化纤织物，是服装中最为常见的材料。非纤维材料包括皮革、皮草等。

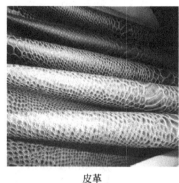

面料　　　　　　　　　　　皮革　　　　　　　　　　　坯布

图1-2　服用材料

在服装制作过程中，为了降低制作成本，节省时间，立体裁剪往往较多地采用坯布进行塑型取版。坯布是指纤维经过纺纱、织造加工处理后，未经染整加工的生货织物。因属于半成品，价格相对市面的成品织物便宜，且布纹组织结构清晰，便于识别经纬纱向，其保型性好的特性更适合初学者使用。坯布的材质种类繁多，在初版塑型时可以选取与成品服装面料的服用性能相类似的坯布进行操作。当然坯布并不能面面俱到替代所有材质的面料，比方说当设计作品中出现超薄类面料或弹性面料时，就需要另辟蹊径寻找其他类似面料或直接使用成品服装面料进行塑型取版。

（二）非服用材料

非服用材料是指非常规用于制作服装的材料。例如纸、塑料、金属、玻璃、鲜花、树叶草藤等材料，这些材料在生活中随处可见，具备传统服用材料少有的外观与质感。如图1-3所示，巧妙运用不同材料的特殊材质并应用在服装设计中，可以打破服用材料的局限性，创造出意想不到的效果，使作品更具独特性和艺术性。

毛发服装　　　　　　　气球服装　　　　　　　纸质服装　　　　　　羽毛服装

图1-3　使用非服用材料的设计作品

（三）其他辅助材料

制作服装时，除了表达作品风格、色彩的主面料以外，其他用于服装上的一切材料都称为服装辅料。主要包括衬布、里料、拉链、纽扣、金属扣件、线带、絮料和垫料等。这里重点介绍在立体裁剪过程中常用的几类辅助材料。根据所起的不同作用可以将其分为以下4类。

1.衬料

服装衬料种类繁多，按使用的部位、衬布用料、衬的底布类型、衬料与面料的结合方式可以分为若干类。如图1-4所示，主要品种有棉衬布、麻布、毛鬃衬、马尾衬、树脂衬、黏合衬等。其中黏合衬在立体裁剪时使用率较高。黏合衬也叫热熔衬，是在基础布上涂上热熔胶制成的。按底布类型分为机织黏合衬、针织黏合衬、无纺衬等。黏合衬的使用可以增加面料的硬挺度，更有效地进行作品造型处理，提高造型效果。

不同颜色厚度的黏合衬　　　　　　　　黏合衬表面

图1-4　黏合衬

2.垫料

垫料是在服装的特定部位用以支撑铺垫服装造型的材料，使相应部位加高、加厚，从而起到修饰或隔离的作用。通过对服装局部的夸张处理来实现整体造型的独特风格。如图1-5所示，根据使用部位不同，服装垫料分为胸垫、肩垫、臀垫。胸垫是上衣胸部的衬垫物，可使胸部加厚，塑造丰满造型，多用于礼服类设计中，也可用于人台的补正处理。肩垫是衬在上衣肩部的垫物，使肩部加高、加厚，提高肩部平整度，另外肩垫还能起到修饰整体造型、弥补体型缺陷，使服装达到挺括美观的作用。臀垫用于裙装或裤装的臀部，臀垫的使用可以很好地美化臀部曲线，尤其是在晚礼服或牛仔裤这种突出身材的服装中。

胸垫　　　　　　　　　　肩垫　　　　　　　　臀垫

图1-5　垫料

3.填料

填料也可叫作填充材料，是指服装面料与里料之间起填充作用的材料，也可填充于服装局部，起到一定的塑型、保型作用。根据填料材质的不同也能起到防辐射、卫生保健等特殊功能。填料的材质大致可分为絮类填料和材类填料两类（图1-6）。絮类填料是未经纺织的散状纤维和羽绒等絮片状材料，没有一定的形状，常见的有棉花、丝棉纤维、羽绒等。材类填料是纤维经过特定的纺织工艺加工成为绒状或絮片织品，它有固定的形状，可以根据需要裁剪使用，如太空棉、中空棉等。

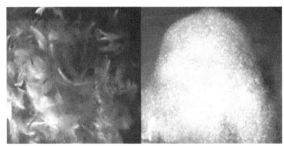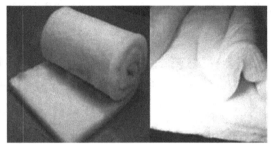

絮类填料　　　　　　　　　　　　　　　材类填料

图1-6　填料

4.其他材料

为了更好地表达造型效果，并通过实际使用情况及时进行造型、布板以及面辅料的选材调整，在服装制作过程中会使用纽扣、拉链、松紧带等材料，由于其大小、软硬度、型号、宽窄等品类繁多，根据作品款式和面料的服用性能进行选用。

三、工具与物料

立体裁剪的必备工具如图1-7所示，服装工具易携宝（服装工具组合套装）囊括各类测量尺、裁剪用剪刀、线剪、铅笔、立裁专用胶带、大头针、针插、卷尺等必备小工具，立体裁剪还需要准备拷贝纸、作图纸、熨烫工具等。

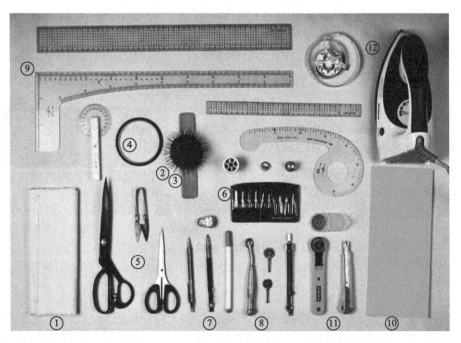

图1-7　立体裁剪常用工具

1.面料

面料通常选用与成品服装面料材质相近似的本白坯布。初学者尽量选用中厚纯棉坯布，其清晰的经纬布纹纱向，以及耐高温和极佳的定型保型特质，为初学者减少了因不恰当的面料选择可能对造型结构与作品整体形态产生的干扰。棉坯布使初学者以最快的速度掌握面料、人体、造型的关系，更加便于初学者对各类基础针法的把控，如图1-7①所示。

2.大头针

使用细而长的立体裁剪专用大头针（图1-7②），常见规格为0.5mm×32.0mm。专用大头针特有的长度可以提高握针舒适度，使得落针更加稳定准确。另外，尽量避免使用珠针，珠针顶端大而多色的彩珠设计适合在平车缝纫过程中使用。但在立体裁剪塑型过程中彩珠设计反而会影响作品整体造型效果。同时，在立体裁剪过程中，常有带针熨烫的情况，专用大头针可以避免面料在熨烫过程中产生不必要的印痕。在挑选大头针时，可以用手指触摸针尖，针尖滑顺为佳。避免针尖顿挫或有勾刺现象。

3.针插

用于插针的实用工具，又称针扎（图1-7③）。可以做成半圆装、花瓣状、桃形等状，中间絮棉，底部用硬纸板固定，并嵌入松紧带。可戴在手腕上方便操作。

4.胶带

立体裁剪专用胶带（图1-7④）可用于人台的标示线粘贴，也可以用于设计结构线的标示指引，是立体裁剪必不可少的工具之一。常见的胶带颜色有黑色、红色、白色，一般选取与适用对象（人台或面料）色彩对比明显的颜色。胶带材质分为胶质和纸质两类。宽度有0.1～0.5cm的不同尺寸，胶带越细其在曲线标示的处理上越好用，如袖窿、领围以及其他曲线结构标示就越圆滑顺手。

5.剪刀

立体裁剪时需要准备三类剪刀（图1-7⑤）：裁剪面料专用的布剪、裁剪打版纸的普通剪刀和修整丝线的纱线剪。注意不要用布剪去修剪纸张，也不可走空剪，避免刀刃磨损，使用中布剪的刀尖处十分重要。需注意使用习惯以及对剪刀的保养。

6.手缝针线

手缝针一套，根据面料和线的材质选择粗细长短，以针身有丝滑感便于落入面料中为佳。线在立体裁剪中多用于标示线、引导线的标记，或进行假缝时使用，多使用白、红、黑色的棉线。如图1-7⑥所示。

7.笔

常用的笔类有自动铅笔、2B铅笔或水消笔（图1-7⑦）。自动铅笔使用0.3～0.5mm的铅芯，便于在面料上标记布纹和基础线。2B铅笔或水消笔用来点影、拓版和完成图的绘制。

8.滚轮

滚轮在拷贝纸样时使用。齿轮的形状分为尖锐形、花瓣形、圆形，可配合裁剪拷贝纸使用，如图1-7⑧所示。

9.尺

尺子是用来测量长短的工具（图1-7⑨）。立体裁剪常用的尺子有直尺、L形尺、逗号尺、皮尺。通常钢尺受温度、湿度等环境影响较小，尺寸不易发生变化。在进行测量前应注意对尺寸准确度进行检测。通常以钢尺为标准来对其他尺子进行测试以保证纸样数据的准确性。皮尺的塑质材料经过长期使用会产生热胀冷缩或拉伸等情况，应定期进行更换。要避免购买劣质尺子。

10. 纸

布版完成后，需要将版形印拓在纸上进行修整、二次设计、缩放等处理。纸张可选用普通打版纸或牛皮纸（图1-7⑩）。

11. 割刀

如图1-7⑪展示的两种常见割刀，左侧圆头主要用于切割薄质面料或皮质材料，可以使裁边顺畅；右侧为壁纸刀，主要进行纸样的切割。

12. 熨斗

用于进行面料整理、裁片的归拔处理等，贯穿立体裁剪操作的各个环节。使用熨斗时注意根据具体面料进行温度调节，避免在面料表面产生水印、亮光、烫焦等状况，如图1-7⑫所示。

第二节 人台和手臂的准备

一、人台的准备

在立体裁剪操作前，需要在人台上进行基础线粘贴的准备。人台基础线，为立体裁剪操作提供参考线，以便明确面料的丝缕方向，把控造型的结构关系。基础线包括领围、胸围线、腰围线、臀围线、前中心线、后中心线、左右侧缝线、肩线、臂根线。标示基础线的方法很多，通常是凭视觉进行粘贴，也可以借助专业的激光标识机或测高仪等工具进行操作，但不要以机械测量工具为主。以胸围线为例，试验证明完全依靠激光标识机指引标示的基础线，由于人体复曲面的影响，仍需要手动调节才能达到视觉上的水平状态。另外，凭借视觉进行基础线的粘贴，可以锻炼眼睛对于水平、垂直的识别度，有利于日后立体裁剪的操作。

（一）人台的基础点

进行基础线标示之前，先要观察人台体形特征，检查人台是否出现局部的凹陷、左右摇晃无法固定、中心线出现歪斜等状况，如有则及时进行修理更换。人台是通过机械生产而得，虽然很少出现左右不对称的情况，但在基准点取点时，仍然习惯性地按照测量人体的方法在人台右侧取点。首先，调整人台高度，使人台肩部与测量人肩部等高，在人台上标记出前颈点、侧颈点、后颈点、胸高点（BP）、腰位点、臀高点、背长、腰长（图1-8）。有些品牌的人台没有明显的臀高点位置而无法确定臀高点，这种情况下，可以先测量背长，根据背长的长度和人体的比例关系决定腰长，比如身高160cm的年轻女性，背长为

35 ~ 36cm，腰长为18cm左右，随着身高的增加，背长与腰长也会增长。身高170cm的年轻女性腰长会接近21 ~ 23cm不等。所以腰长的尺寸需要根据人台的号型比例进行确定。另外，需要测量出胸围、腰围、臀围并记录在人台后颈处，方便日后使用。当然也可以记录背长、腰长、肩宽等更详细的信息，视个人习惯而定。

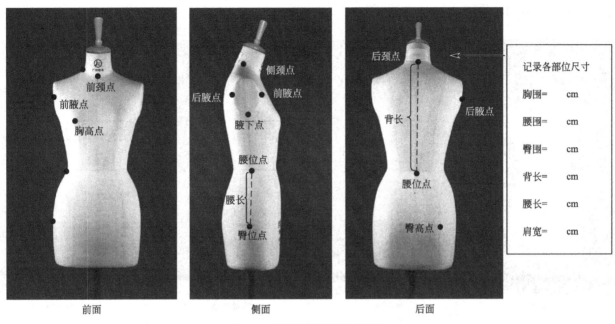

图1-8 标示基准线的准备工作

（二）人台基础线的标示方法

标示人台基础线主要有以下几个步骤，如图1-9 ～图1-12所示。

1.领围线

在人台上粘贴横向标示线时，均把胶带起点设定在左侧，这是因为立体裁剪塑型时，在款式设计左右对称的情况下，为了节省时间通常只做右半身的造型。反复用坯布塑型操作可能会磨损到胶带，特别是胶带的接合处经过磨损会造成脱落，为整个塑型过程带来不必要的麻烦，故将所有横向基础线的接头都设定在人台的左侧。粘贴领围线时，需从人台左侧的侧颈点开始粘贴胶带，顺势连接前颈点、右侧颈点、后颈点至起点粘贴一周，整圈领围要圆顺连贯，左右弧度对称。如图1-9①所示。

2.胸围线

正面观察人台右侧BP点，眼睛与该点保持水平状态。预留30 ～ 35cm长度的胶带，用大头针将胶带固定在BP点，平稳转动人台将胶带水平粘贴至人台左侧，再从固定的BP点向相反方向转动人台，并水平粘贴所预留的胶带至人台左侧，处理好胶带接头。人台的两胸高点间与肩胛骨间会出现凹面，需要压实胶带。将人台放置2m远处由他人协助转动人台，眼睛仍需要与胸围线保持水平状态，观察胶带位置进行微调，将胸围线调整至水平。如图1-9②所示。

3.腰围线

将人台的侧面朝向自己，眼睛与腰位点持平，平稳转动人台并进行粘贴，如图1-9③所示，将胶带接头固定在人台左侧。微调方法同胸围线。

4.臀围线

通过侧面观察人台确定臀部突出最高点为臀高点，或者根据人台背长的尺寸确定腰长，从腰线向下测量出臀围的位置，标记好臀位点。注意眼睛与臀位点持平并进行臀围线的粘贴和调整，方法参考腰围线。完成效果如图1-9④所示。

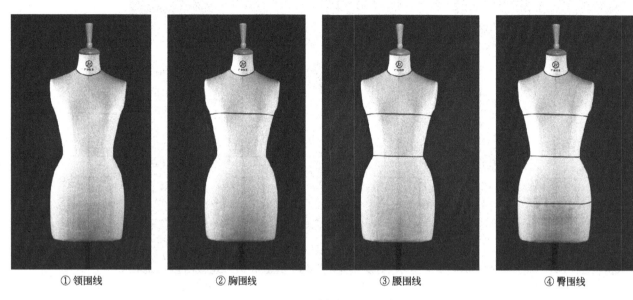

　　①领围线　　　　　　②胸围线　　　　　　③腰围线　　　　　　④臀围线

图1-9　人台的横向基础线

5.前中心线

正面观察人台，将胶带一端固定在人台的前颈点，放开胶带使其自然下垂，重力的影响使胶带呈现垂线，确定位置后，按胶带垂线标示出前中心线。如图1-10①所示。

6.后中心线

眼睛与人台的后颈点持平，转动人台使后中心线的面正对操作者，从后颈点开始粘贴胶带，具体方法参考前中心线。前后中心线标示完成后，还需要对左右对称情况进行测量检验，以前、后中心为基准，对胸围、腰围、臀围三个位置的左半身和右半身进行测量并调整，以保证基础线的准确性。完成效果如图1-10②所示。

7.侧缝线

测量人台胸围的右半身尺寸，右侧面胸围线上取厚度的1/2点，向后移1～1.5cm处做记号（A点）；在右侧面腰围线上取厚度的1/2点，并向后移动1cm标记B点；用胶带连接A、B两点。正面观察人台右侧面，眼睛与人台腰部持平，胶带从B点向下垂直粘贴，完成侧缝线。如图1-10③所示。

8.肩线

如图1-11①所示，正面观察人台的一侧肩部，眼睛与肩部的中心点位置持平。从侧颈点处粘贴胶带，以视线刚好看到胶带一边为佳，粘贴至肩点。看到完整的胶带或完全看不到胶带都会使肩线扭曲。从人台上面观察肩线，应该呈现与人体肩膀曲线相符的圆弧状，而非直线。

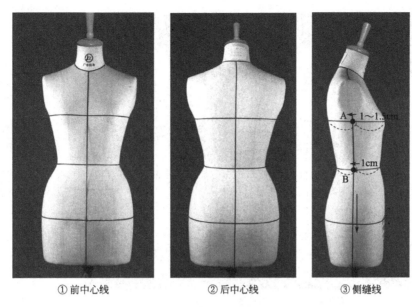

①前中心线　　　　　②后中心线　　　　　③侧缝线

图1-10　人台的纵向基础线

9.臂根线

如图1-11②所示，以腋下点为起点，连接前腋点、肩点、后腋点回到腋下点，整圈臂根线曲线圆顺连贯，相对于后腋点到腋下点的曲线弯曲度，前腋点到腋下点的弯曲度略大些。这条臂根线只是相对于人体的净尺寸臂根位置，在进行不同造型的成衣设计时，袖窿底线需要在现有的腋下点位置进行合理下放。

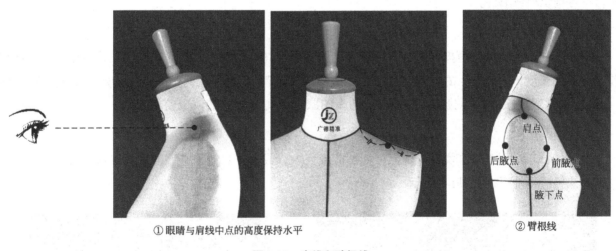

①眼睛与肩线中点的高度保持水平　　　　　②臂根线

图1-11　肩线和臂根线

10.人台基础线的整体效果

如图1-12所示，人台的基础线标示完成后，在距离人台2m以外的地方观察基础线的整体效果。对标示不准确的地方用大头针进行局部微调。人台的长期使用会使标记条掉落或位置发生移动，为了免去反复粘贴人台基础线的麻烦，也可以用线沿着标记条的位置进行缝制，如图1-12②所示，用线缝合的人台基础线更加持久耐用。

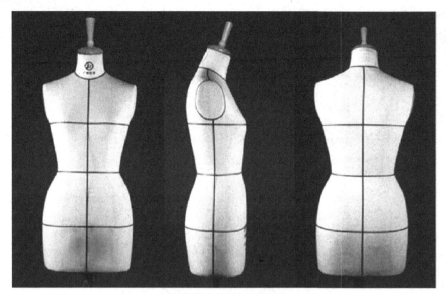

①使用贴条标记人台基础线　　　　　　②用线缝合人台基础线

图1-12　人台基础线完成图

（三）人台的补正

人台的尺寸设定是通过对某一区域的特定人群体形进行测量，经过相关软件对体形特征数据经过研究分析后得到的体形平均标准值。这样的数据比较适合服装公司进行批量生产时的制衣操作，而在对个体进行量体裁衣，或对特殊的造型进行设计应用时，便需要对人台的尺寸进行修整和补正。通常使用的材料有各类垫料或填料。

1.两胸高点间的补正

初学者在进行立体裁剪操作时，面料很容易随着两胸高点间的体形特征塑造出凹陷造型，从而增加前中心线的长度，影响作品的整体效果。所以根据不同的设计，需要在两胸高点间固定一条连接带（图1-13），通常适用于成衣类服装。凸显胸部造型的服饰或礼服类服饰较少使用。

2.肩部的补正

肩部的补正适用于外套类成衣作品，如西服或大衣，或者针对特殊造型的肩部设计。可以使用不同类别的垫料进行补正，如图1-14所示。

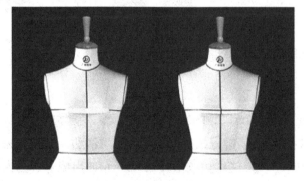

图1-13　胸高点间的连接带

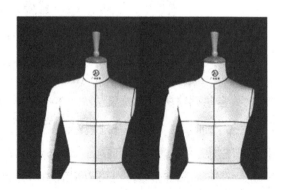

图1-14　肩部的补正

3.胸部的补正

如图1-15所示，根据造型的需要，对胸部进行补正处理。材料可以选用与人台胸部造型相符的胸垫产品。也可以用填料进行层层贴加，最外层用坯布整理。注意附加的胸部填料边缘与人台的过渡要平顺自然，左右对称，不能产生明显的印痕或突起。

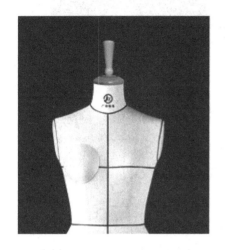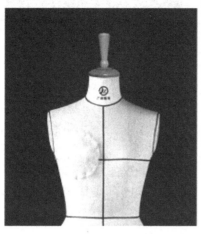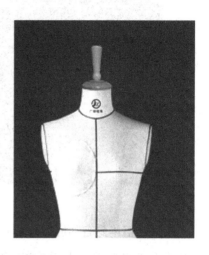

图1-15　胸部的补正步骤

4.人台上半身各部位的补正

如图1-16所示，人体体形呈现一个复杂的曲面，而且存在明显的个体差异性。批量生产的人台在细节处理中很难达到设计师的要求。特别是在人台的上半身造型处理时，人体的厚度需要通过对人台的前腋点位、后腋点位进行补正调整。对于胸骨向前隆起等特殊体形则需要对胸脯位进行填充补正。材料可以使用填充棉或棉花进行层层贴加。

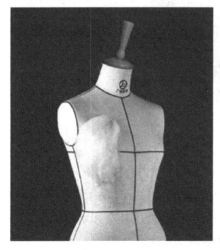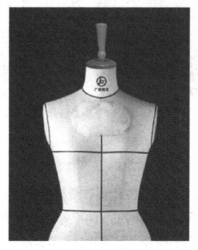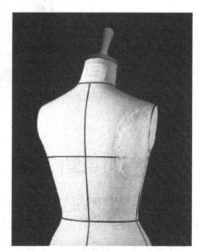

前腋点位的补正　　　　　　　　胸脯位的补正　　　　　　　　后腋点位的补正

图1-16　人台上半身各部位的补正

5.腰部的补正

为人台的腰部补正在人台补正调整中运用的比较多。可以用填充棉等填料进行腰部造型的重塑，注意左右腰部的对称处理，再用坯布的斜纹方向做最外层的整理。适用于合体礼服类设计，或针对个体的量体裁衣制作，如图1-17所示。

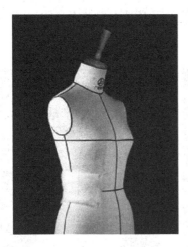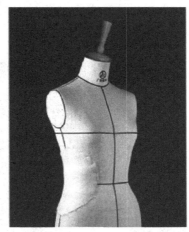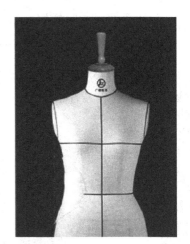

图1-17　腰部的补正

6.人台下半身各部位的补正

人台下半身需要补正的位置多在腹部和臀部（图1-18）。针对不同造型需要进行塑型修整。材料可以使用棉花、填充棉等填料，或臀垫等垫料。

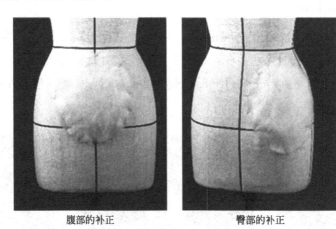

腹部的补正　　　　　　　　　　臀部的补正

图1-18　人台下半身各部位的补正

二、手臂模型的准备

作为手臂的替代品，手臂模型是在进行立体裁剪造型设计中不可缺少的工具，适用于带袖款式的服装制作。根据具体情况选择加装右侧手臂模型或双侧手臂。手臂模型的制作多使用坯布和填充棉等材料。臂根部分与手臂围度的尺寸根据人台的型号进行调节。本节介绍右臂的制作方法。

（一）手臂模型的结构图

图1-19是手臂模型的结构图，包括袖片（斜裁）、臂根布、袖口布、袖山条（斜纹条带）、盖肩布（斜裁）。为了便于缝合，袖片袖山部分的缝份为1～2.5cm、臂根布和袖口布的缝份设定为1.5cm，其他部位的缝份统一为1cm。为了增加手臂模型的使用范围，手臂的长度设定为58cm。

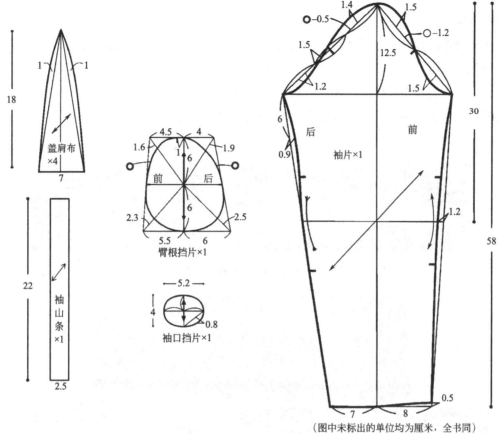

图1-19　手臂模型的结构图

（图中未标出的单位均为厘米，全书同）

（二）手臂模型的制作

手臂模型的制作主要为以下几步。

1.袖缝的缝合

手臂模型袖片为一片袖。如图1-20所示，将袖片和填充棉按结构图裁剪，填充棉可根据选材的厚度，选用一层或多层，进行卷曲包裹备用。袖片在缝合前需要对肘位部分进行拔开处理，使缝合后的手臂模型肘下部向前微屈，呈现人体手臂的自然前屈状态。将袖片缝合，装入填充棉。注意不要将手臂内添加过多填充棉或其他填充物，否则手臂模型较难弯曲，影响立体裁剪操作。

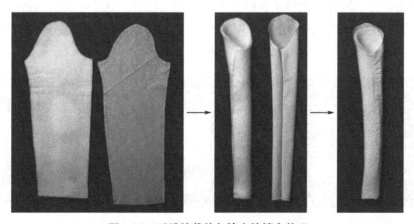

图1-20　手臂的裁片与填充棉缝合整理

2.挡片的缝合

用纸板按照臂根挡片和袖口挡片的净尺寸进行裁剪备用。为了使手臂模型和人台臂根处有更好的贴合度，所使用的纸板需要有一定的厚度和硬度。将纸板对准臂根挡片和袖口挡片的结构线，在缝份处进行抽缩处理，将纸板固定在臂根挡片和袖口挡片内（图1-21）。整理手臂模型的臂根位与袖口位置，可在两端的缝份处进行抽缩处理。将其与臂根挡片和袖口挡片的对位点对准，如图1-22所示，用大头针固定，并进行缝合。

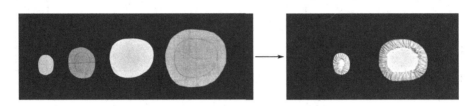

图1-21   袖口挡片与臂根挡片的处理

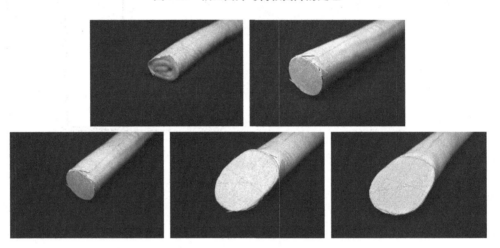

图1-22   臂根挡布和袖口挡布的缝合

3.袖山条的缝合

袖山条是长为20～22cm、宽为2.5cm的斜纹布条。在进行立体裁剪操作时，为了方便腋下部位及侧腰位的造型设计，手臂模型需要进行反复的弯曲动作或上扬固定至人台颈部。因此，手臂模型很容易发生移位或掉落。袖山条可以很有效地将手臂模型固定在袖山位置。缝合整理袖山条时，在斜纹布条宽度的一半作标记线，固定在手臂模型的袖山处（图1-23）。另外一半作为预留部分，在固定到人台肩部时使用。如购置不到合适的斜纹布条，也可以用坯布代替。

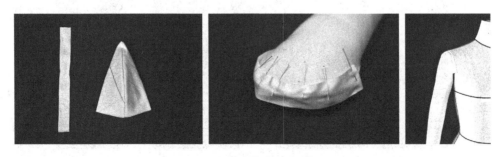

图1-23   袖山条的缝合整理

4.盖肩布的缝合

袖山条的使用可以将手臂模型固定在人台上，而盖肩布不仅可以起到加固作用，同时能使人台和手臂模型的连接更加顺畅自然。按照结构图裁剪四片盖肩布裁片，其中两片为一组，缝合单边，成为两大片裁片。再将两大片裁片正面相对，沿结构线缝合两侧后，将正面翻出。熨烫整理盖肩布片。最后将盖肩布固定到手臂模型上，如图1-24所示。

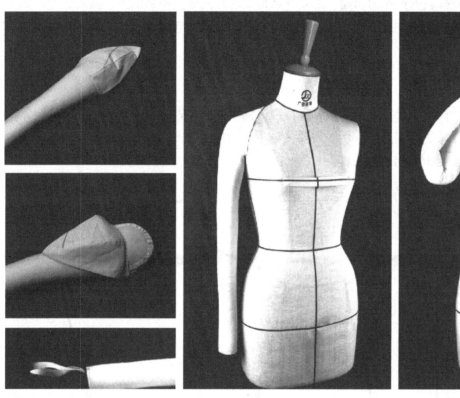

图1-24　盖肩布的缝合整理

第三节

立体裁剪的基本针法

在立体裁剪操作中，大头针是必不可少的使用工具。熟练地运用大头针进行造型塑造不仅是立体裁剪的基本功之一，同时，大头针的使用方法也会影响整体造型的美观程度。大头针的针法分为固定针法和别和针法两种。

一、固定针法

固定针法的主要功能是将坯布固定在人台的特定位置，使其稳定牢固，便于造型的完成。在使用固定针法时，需要注意切不可将大头针全部插入人台内，不恰当的入针方法既会影响操作效率，同时，针头的压力也可能会造成坯布局部的凹陷，影响整体造型效果。如图1-25所示，固定针法分为双针固定与单针固定。

（一）双针固定

双针固定通常使用在立体裁剪操作的初期，是双针从相反的方向插入相邻的点，插入点位相隔不超过0.3cm，形成V形状。这种针法能较好地将坯布固定在人台上，不会出现移动滑脱现象。通常用在前后中心以及胸高点等位置的固定。

（二）单针固定

单针固定的操作比双针简单快捷，是立体裁剪操作中最常用的固定针法。由于单针固定只能保证单方向的稳定，所以比较适合临时固定。在应用时需要注意单针的插入方向，如在肩部、侧缝位置，两端的单针要相对插入，以保证坯布的稳定性。

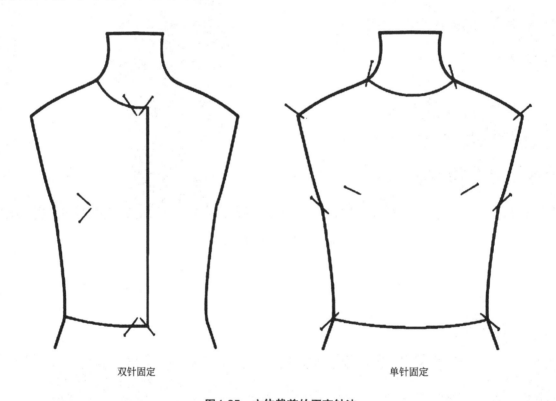

双针固定　　　　　　　　　　　　　　　单针固定

图1-25　立体裁剪的固定针法

二、别和针法

别和针法的主要作用是对坯布的省位、特殊部位的捏合以及对衣片之间的连接进行固定。别和针法有三个基本原则：一为牢固，固定需要连接的部位，并确保不落针；二是平服，插针后的坯布要平服，不能出现明显突起或面料扭曲；三为规范，针法保持一致、疏密得当。同时，注意入针时要避开贴条。

图1-26的左图中出现45度针、竖直针和横针三种不同角度的别和针法。在操作中，不强制规定用针

的角度，通常是根据具体的使用部位与造型以及个人的用针习惯而定。只要保证所用针的入针角度保持一致即可。别和大头针时，吃布量、出针量和针距可参考图1-26中的右侧标准。

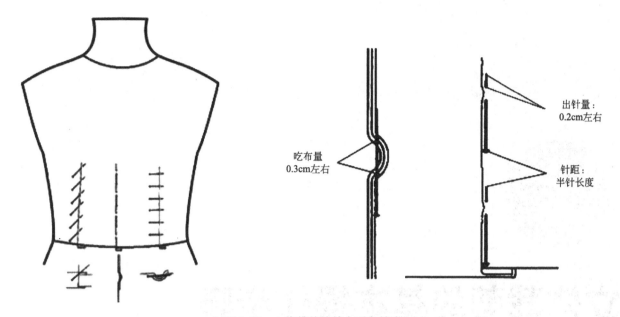

图1-26　立体裁剪的基本别和针法

CHAPTER 2

第二章

立体裁剪的基本操作步骤

通过对紧身衣原型的学习，可以帮助学习者更好地了解立体裁剪的基本操作步骤，体会人体曲线与服装造型的关系，掌握原型衣省位的设定以及省量的分配，培养立体裁剪的造型感。

紧身衣原型的塑型前准备

一、款式说明

紧身衣原型是包裹人台的未加入放松量的全身原型。紧身衣原型如图2-1所示，为四面构成，衣长为从颈围至臀围下20cm。

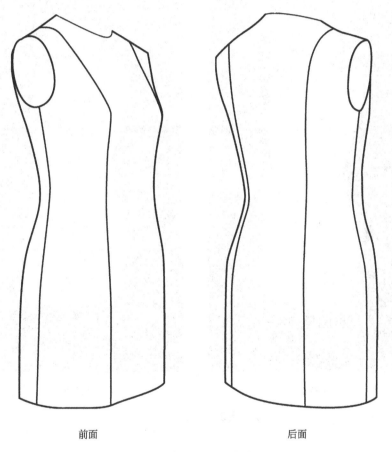

前面　　　　　　　　　　　　　　　　　后面

图2-1　紧身衣原型款式图

二、人台的准备

用胶带在人台上标示出省道分割线与辅助线，如图2-2所示。

1.前片分割线

从肩部的二等分处向下经过胸高点（BP），BP点下保持胶带垂直粘贴至人台底部。

2.后片分割线

从肩部的二等分处向下经过肩胛骨的突出部位，垂直经过腰围线、臀围线粘贴出标示线。

3.前侧线

前侧线是立体裁剪操作的辅助线。在腰围线上找到BP点到侧缝线的二等分点，垂直贴出前侧面线。

4.后侧线

后侧线是立体裁剪操作的辅助线。在腰围线上找到后片分割线到侧缝线的二等分点，垂直贴出后侧线。

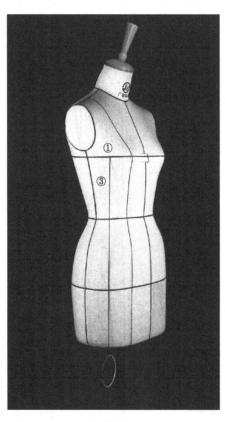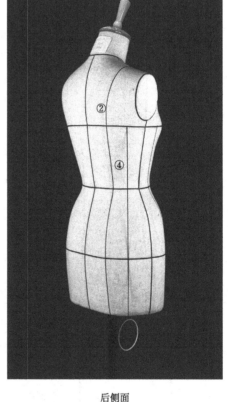

前侧面　　　　　　　　　　　　　　后侧面

图2-2　人台准备

三、备布

（一）测量所需面料

完成人台标示线粘贴后，需要根据粘贴位置测量衣片的备布尺寸。图2-3以前片与后侧片为例，说明具体测量方法。首先确定所需备布部分的最外侧位置，从而测量出备布部分的基本长度与宽度（图中黑色轮廓线部分），在此基础上四周加入缝份量与放松量，注意前后中心线需要加10cm。

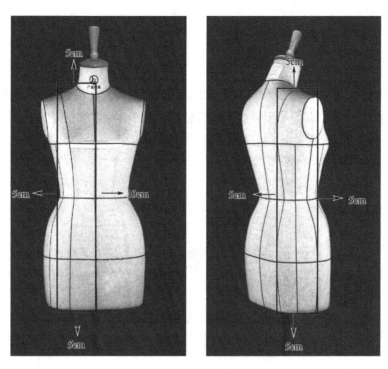

图2-3 备布测量方法

（二）面料尺寸示意图

紧身衣原型所需备布尺寸如图2-4所示。

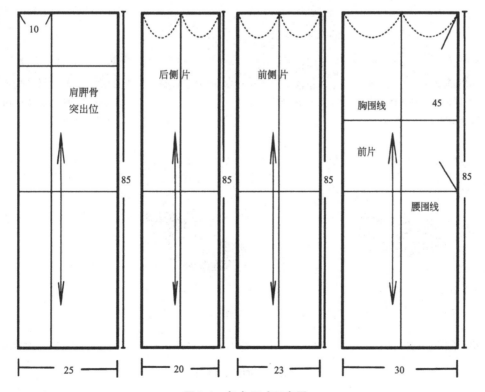

图2-4 备布尺寸示意图

（三）面料的整理

按照备布示意图的尺寸准备裁片。注意只需在面料上确定长度和宽度，手工撕扯即可。面料在加工过程中纱线会产生扭曲等现象，需要对面料进行熨烫整理。图2-5为整理面料的全过程。

①备好的布片不需要熨烫（布边需要撕掉）

②用0.3~0.5cm的自动铅笔，手工绘制辅助线

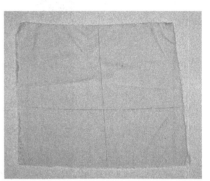

③绘制好的辅助线会呈现不同的弯曲状态

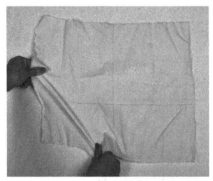

④拉动面料，使面料经纬方向的纱线松动，便于纱线规整调整

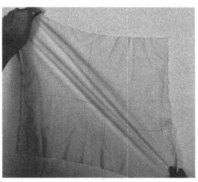

⑤对角方向进行拉拽

⑥变换方向拉动面料，将经纬纱的方向调整为垂直状态

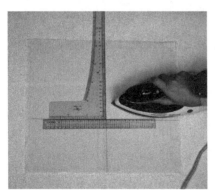

⑦使用尺子确认辅助线的垂直状态

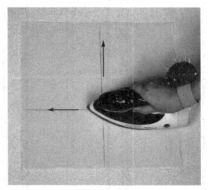

⑧熨烫面料时，按经纱或纬纱方向熨烫

⑨备布完成，经纬纱呈现垂直状态

图2-5　面料的整理

第二节

紧身衣原型的塑型步骤

一、布样塑型

紧身衣原型布样塑型主要有以下几个步骤。

1.固定前片

如图2-6所示，将衣身前片覆盖在人台上，前中心线及胸围线对准人台上的标示线，用大头针双针固定。

2.粗裁领口

从前中心线向侧颈点方向粗裁领口（图2-7）。

3.在领口线上打剪口

剪口间隔1cm左右，使领口处坯布与人台服帖。为了防止操作失误剪

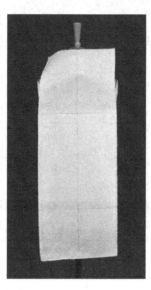

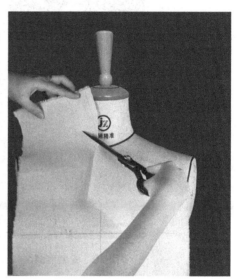

图2-6　固定前片　　　　　　　　图2-7　粗裁领口

过领口线，可将剪刀尖部抵住领口线位置进行剪口整理。在侧颈点用单针固定，如图2-8所示。

4.完成前片及前侧片

将前侧片覆盖到人台上，胸围线与中心线对准人台的胸围线和指引辅助线。在胸围、腰围和臀围出单针固定，如图2-9所示。

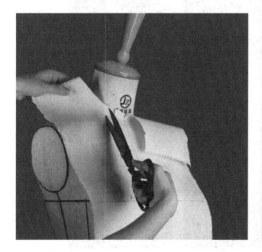

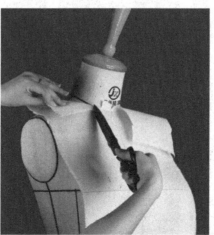

图2-8　领围打剪口　　　　　　　　　　　　图2-9　前片完成状态

参考人台上的结构线位置，用大头针捏合前侧片与前衣片（图2-10），注意不要留任何松量。为方便操作可以适当打剪口（图2-11）。

5. 固定后片

将衣身后片的后中心线及胸围线对准人台上的标示线（图2-12），用大头针固定，整理后领口，方法参考前领口。

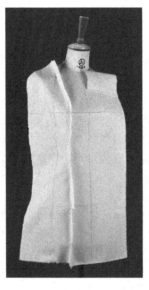  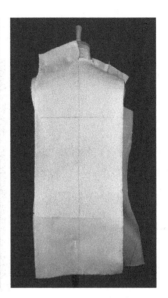

图2-10　安装前侧片　　　图2-11　固定前侧片　　　图2-12　整理后领围

6. 完成后片及后侧片

① 如图2-13所示，根据人台上贴好的后面结构线位置，剪去后片的多余面料，注意留出缝份。

② 将后侧片覆盖到人台上，后侧片的腰围线与人台腰围线保持水平（图2-14）。

③ 如图2-15所示，根据人台上贴好的结构线裁去后侧片的多余面料。

④ 用大头针捏合固定后片和后侧片，注意不要留任何松量（图2-16）。

 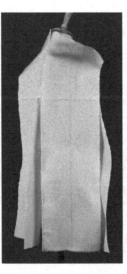  

图2-13　完成后片　　　图2-14　固定后侧片　　　图2-15　整理后侧片　　　图2-16　完成后侧片

二、点影

在领围线、肩线、腰围线、臀围线、袖窿线、侧缝线及前后分割线上用水消笔或铅笔做记号。点影如图2-17所示，转动铅笔成点记号即可，不要画成线形状态。注意在必要的对位点位置用"–"做记号。

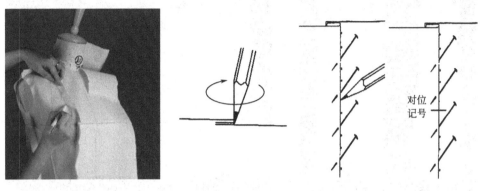

对位记号

图2-17　点影

三、琢形

如图2-18所示，将布版平铺后，开始检查尺寸和对位记号，用尺子圆顺肩线、袖窿线和领口线等。

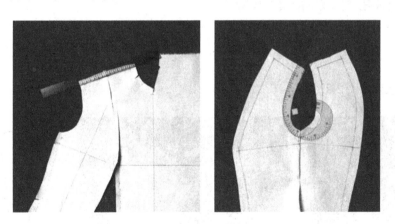

图2-18　检查肩线和袖窿线

四、拓版

把修正的布版用滚轮或打版专用复印纸拓到纸上，得到纸样（图2-19）。

五、组合成型

如图2-20所示，用纸样裁剪新裁片，用大头针将各裁片拼合起来后穿到人台上。从各个角度观察是否服帖并进行调整。

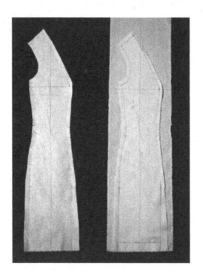

图2-19　拓版

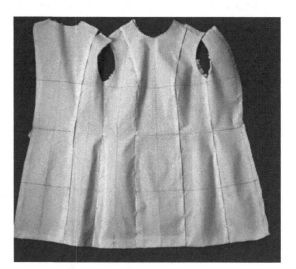

图2-20　组合成型

六、完成图

紧身衣原型的立体裁剪完成图如图2-21所示。

七、纸样

紧身衣原型的纸样如图2-22所示。

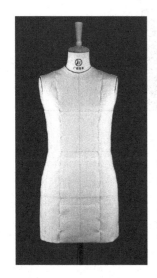
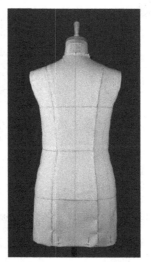
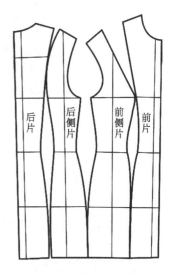

图2-21　紧身衣原型完成图

图2-22　紧身衣原型纸样

第三章

上半身原型的立体裁剪

上半身原型，也被称为衣身原型或原型衣，是指进行上半身服装纸样设计的基础纸样。在立体裁剪操作中，按照放松量的构成不同，上半身原型分为两类，一类为紧身原型衣，其结构简洁、覆盖上半身且未加入放松量；另一类为松身原型衣，与紧身原型衣的结构相似，但在适当位置加入人体运动时所需的基本放松量。在本章主要介绍松身型上半身原型的立体裁剪制作方法。

第一节 上半身原型的塑型前准备

一、款式说明

本节介绍的上半身原型属于加入基本放松量的原型衣。在袖窿与腰围处加入适当的放松量。长度由领部至腰围处，前片和后片各在肩线和腰围处收省，如图3-1所示。

二、备布

初学阶段建议使用中厚的坯布，按图3-2的备布示意图准备布片，在坯布上标出布片名称、前中心线、后中心线及胸围线等辅助线的位置。调整经纬纱线方向，整理熨烫完成备布。

图3-1　上半身原型的款式图

前面　　　　后面

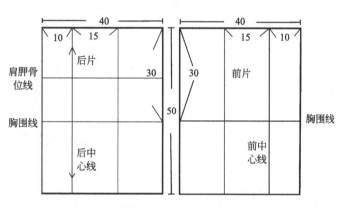

图3-2　备布示意图

第二节 上半身原型的塑型步骤

一、布样塑型步骤

布样塑型主要有以下几个步骤。

1.固定前片

将前片坯布披挂在人台上，前中心线和胸围线对准人台的标识线。在前颈点、胸高点、腰围与前中心线交点位双针固定，保持前片的稳定状态，如图3-3所示。

2.粗裁领围

从前中心线向侧颈点方向粗裁领围形态。注意侧颈点位较容易裁过，可在裁剪领围侧颈点部分，预留2cm左右的缝份，如图3-4所示。

3.领围打剪口

为了使领围处坯布与人台服帖，需在领围处打剪口。用剪刀尖抵住领围线位置，避免失误剪过领围线。在侧颈点用单针固定，如图3-5所示。

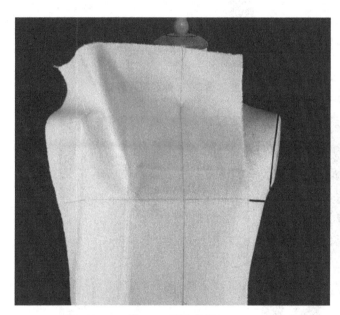

图3-3　固定前片

图3-4　粗裁领围

图3-5　领围的剪口处理

4.确定侧缝位置

将坯布的胸围线与人台标识线对齐，从胸高点推向侧缝线方向，再用大头针在腋下点位置固定，如图3-6所示。

5.确定前片肩省

从腋下点位置沿前袖窿（前AH）弧度方向推向肩点。肩点位用大头针单针固定。从肩点到侧颈点产生多余的量为省量，捏合前肩省用大头针固定，如图3-7所示。

6.整理腰省

为了使衣身收腰效果更自然顺畅，上半身原型的前片设置两个腰省。第一个腰省在胸高点下方；第二个为侧腰省，位置在腰省到侧缝的中心位。先确定好两个省的位置，胸围以下部分被分为A、B、C三个面，调整三个面的纱线方向，使每个面的中心纱线呈现垂直向下状态，用单针固定。捏合两个腰省时注意需要留出适当的放松量，如图3-8所示。

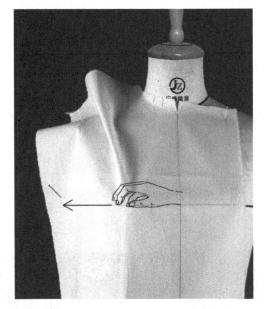

图3-6　确定侧缝位置

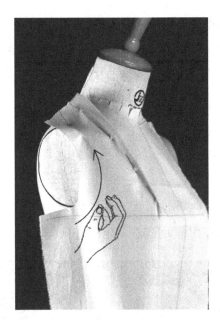

图3-7　确定前片肩省

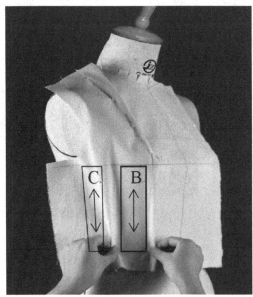

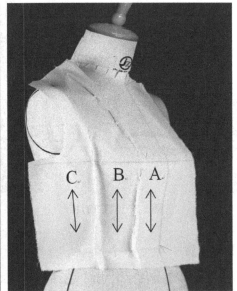

图3-8　整理腰省

7.确定肩点

后片的后中心线、胸围线与人台标示线对齐，双针固定。手沿着肩胛骨线与后袖窿线方向，将坯布推至肩点，单针固定，如图3-9所示。

8.制作后领围

单针固定侧颈点，肩部余出部分即为肩省的省量，如图3-10所示。

9.固定后衣片并确定松量

后片的胸围线保持水平状态，侧缝位置与前片对合固定。从后腋点向下画一条垂线，将后片分为后面和侧面。此时后片呈现箱形状态，如图3-11所示。

后袖窿与腋下点位有适当放松量，如图3-12所示。

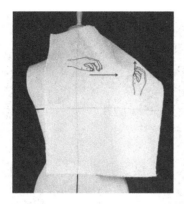

图3-9　确定肩点

图3-10　制作后领围

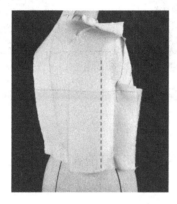

图3-11　固定后衣片

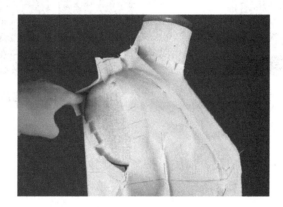

图3-12　后衣片的放松量

10.后片腰省制作

后片有两个省，即肩胛骨突出点下方的腰省和侧腰省。具体制作方法参考前片，如图3-13所示。

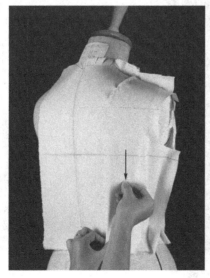

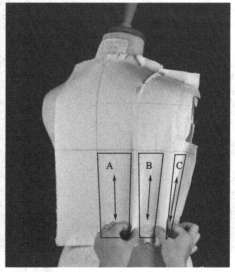

图3-13　后片腰省制作

11.整理上半身原型

用大头针别和侧缝线。检查整理上半身原型的省与放松量，如图3-14所示。

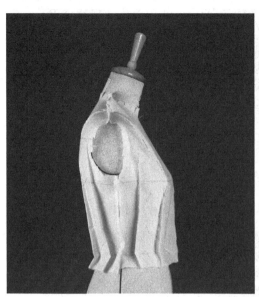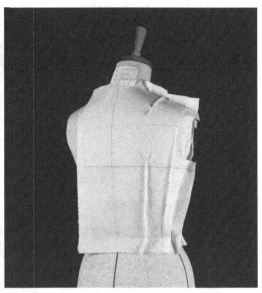

图3-14　整理上半身原型

12.点影

对上半身原型领口线、肩线、袖窿、侧缝线、胸围线、腰围线和所有的省进行点影。注意在省的两端做十字记号，如图3-15所示。

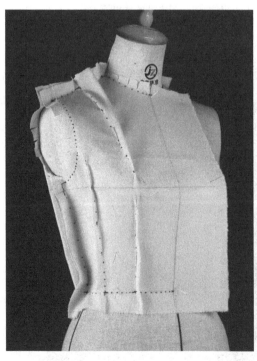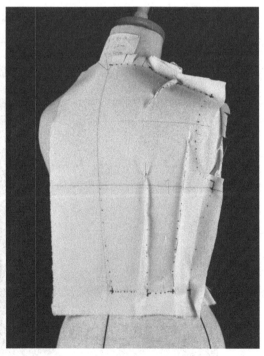

图3-15　点影

二、上半身原型完成效果图

上半身原型的完成效果如图3-16所示。

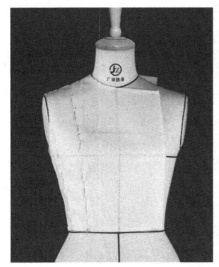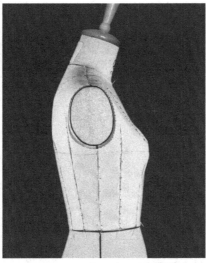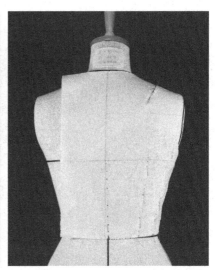

图3-16 上半身原型完成图

三、上半身原型纸样

上半身原型的纸样如图3-17所示。

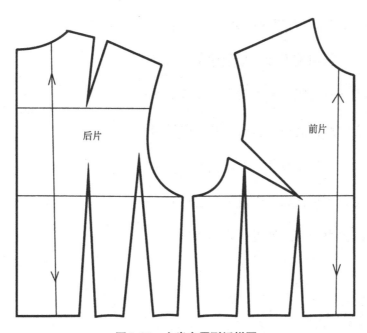

后片

前片

图3-17 上半身原型纸样图

CHAPTER 4

第四章

裙装原型的立体裁剪

　　裙装原型的裙身呈现自然垂落的H型，结构简洁。以原型为基础可变化出多款裙装设计。裙装原型由腰臀间近似圆台体的复曲面与臀围以下圆筒状态两大部分组成。其中腰臀间复曲面的结构处理会直接影响裙装的合体状态，分析腰臀间的人体体型特征，理解裙装所需的必要放松量与日常活动量的加放原则以及腰臀围度差产生的省道处理方法，成为直筒裙纸样设计合体性的关键所在。

第一节

裙装原型的塑型前准备

一、款式说明

　　裙装原型为合体直筒款，裙身的腰臀围放松量设定为人体基本活动所需的运动量。裙片分为前后两片，各设置两个省位，以便处理腰臀差，塑造腰臀部的曲线造型。臀围以下呈直筒状，裙长至膝盖处，如图4-1所示。

二、人台准备

　　在人台上贴出面料塑型时所需的必要标示线。根据人体特征，粘贴出人体着装状态腰线（水平腰线后腰位下落1cm）。通常，省道及省尖的位置是根据人体体型、设计造型与面料性能确定的，并且在具体实践操作过程中调整和把握（图4-2）。不需要刻意标示，在这里只作为参考线，便于立体裁剪的初学者操作与理解。

前面　　　　　　　后面

图4-1　裙装原型的款式图

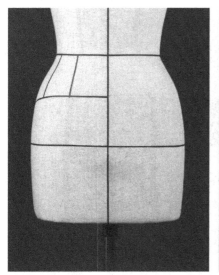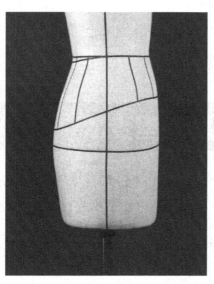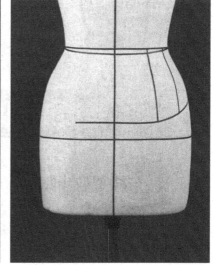

图4-2　裙装原型的人台准备

三、备布

参考款式设定的尺寸，在测量标示线数据的基础上，加入必要的缝份、活动量及裙摆贴边宽等，注意前后中心处各加入10cm，以保持裙身的稳定性，如图4-3所示。

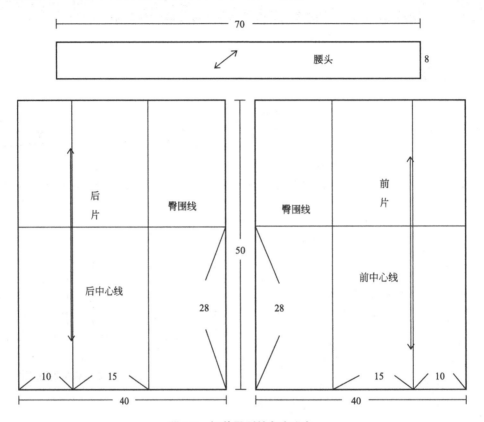

图4-3 裙装原型的备布准备

第二节

裙装原型的塑型步骤

一、布样塑型步骤

裙装原型布样塑型主要有以下几个步骤。

1.固定前裙片

前裙片的前中心线与臀围线对准人台的标示线，双针固定，使其保持稳定状态。在保持裙片臀围线与人台标示线对准的状态下，由侧缝向裙身推送1cm的松量，整理裙片使松量均匀分布，如图4-4所示。

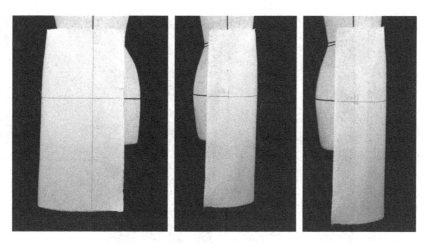

图4-4　固定前裙片

2.确定腰省

如图4-5所示，用大头针在侧缝线与臀围线交点向右3～4cm处，顺沿经纱方向向上做辅助印痕并使其垂直于臀围，贴合人台并固定。前片分为两个腰省。根据人体体型特征设定省道的位置。

3.捏合腰省

根据前裙片两个省的省位、省量以及体形特征，确定省长。用捏合针法固定省道时，注意保留腰部、腹部、臀部等部位的松量（图4-6）。可在省尖处以横针做标示。

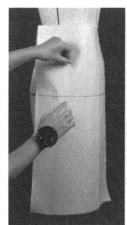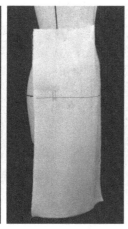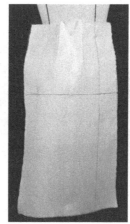

图4-5　腰省的确定　　　　　　　　　　　　　　　图4-6　捏合腰省

4.固定后裙片

取后裙片，与前裙片进行相同步骤的操作，由于后面的腰臀差大于前面，注意省量、省位及省长需根据人体体形特征进行调整设定（图4-7）。

5.确定腰省

如图4-8所示，对合前后片侧缝部分。臀围线以上为合体捏合，以下部分呈直筒状。

6.下摆整理

确定裙长，整理裙摆的缝份，用竖针进行固定（图4-9）。

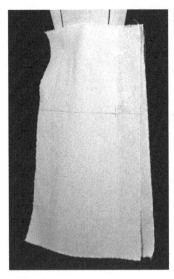
图4-7　固定后裙片

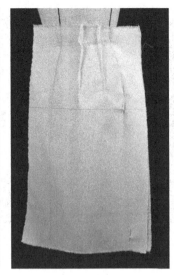
图4-8　确定腰省

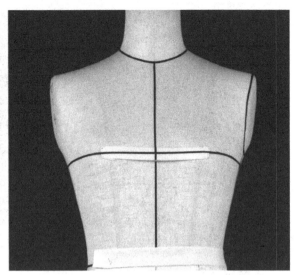
图4-9　下摆整理

7.熨烫腰头

如图4-10所示，熨烫腰头并整形。可利用卡纸对缝份进行处理，并熨烫出弧度。

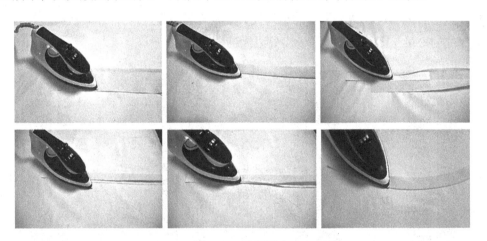
图4-10　熨烫腰头

8.绱腰头

确认裙身的腰围线位置，绱腰头（图4-11）。

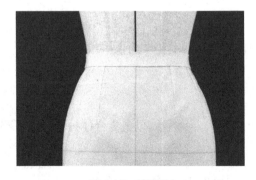
图4-11　绱腰头

二、裙装原型完成效果图

裙装原型的完成效果如图4-12所示。

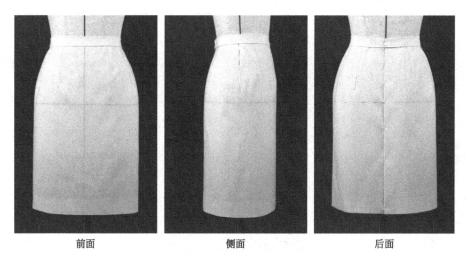

前面　　　　　　　　　　　侧面　　　　　　　　　　　后面

图4-12　裙装原型的完成图

三、裙装原型的纸样

裙装原型的纸样如图4-13所示。

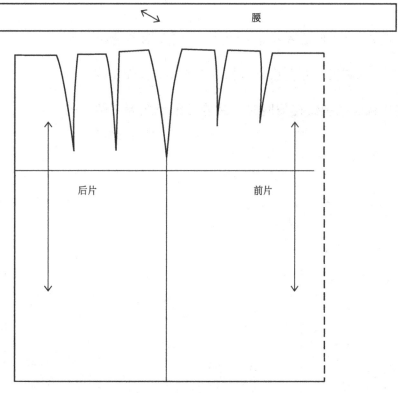

图4-13　裙装原型的纸样

CHAPTER 5
第五章

成衣设计与立体裁剪应用

本章展示了立体裁剪在成衣作品中的技法应用。详细介绍了衬衫、裙装、外套、连衣裙、大衣五类19款成衣的实际操作步骤，引导读者在规范化处理服装结构的同时，又能形象地把握"型"的塑造。

第一节 上衣的立体裁剪应用

一、落肩式宽松款衬衫

（一）款式说明

此款为带翻领的落肩袖宽松式衬衫款式，衣身有较大松量，体现中性自然的风格。衣长及松量可根据款式要求调节，如图5-1所示。

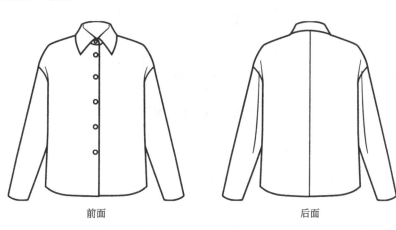

前面　　　　　　　　　　　　　　后面

图5-1　款式图

（二）人台准备

在人台上标出领口线，离前中心线1.5cm处标示门襟线，如图5-2所示。

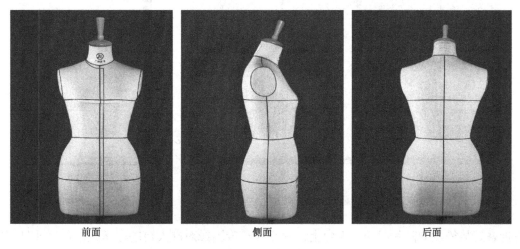

前面　　　　　　　侧面　　　　　　　后面

图5-2　人台准备

（三）备布

图5-3是落肩式宽松款衬衫的备布示意图。

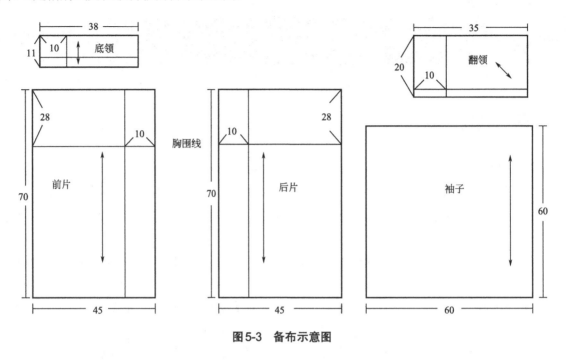

图5-3　备布示意图

（四）布样塑型

落肩式宽松款衬衫布样塑型主要有以下几个步骤。

1. 制作前片

① 为了制作时更好地把控衬衫的放松量，可先对衣片的放松量进行折叠。按图5-4的方法绘制出前片A线、B线（后片为A'和B'线），将AB线对合用大头针固定，折叠效果如图5-5所示。

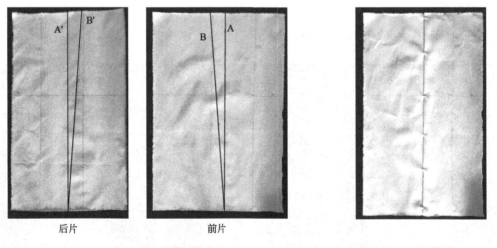

图5-4　衣片放松量的折叠方法　　　　**图5-5　折叠效果**

② 将折叠好放松量的前片覆盖在人台上，中心线和胸围线对准人台的标示线。用大头针固定，如图5-6所示。

③ 修剪领围，沿领口线打剪口，使领围与人台服帖。前片的胸省落在袖窿上，用大头针固定，如图5-7所示。

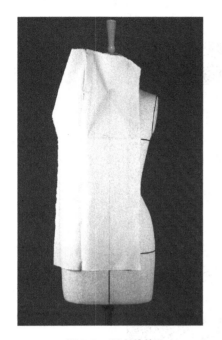

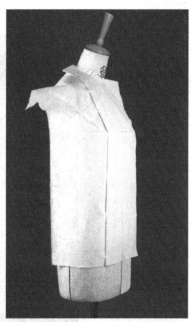

图5-6　固定前片　　　　　　　　　　　　图5-7　制作前领围与袖窿省

2. 制作后片

① 调整前衣身片松量，用贴条标出肩线、落肩点、前袖窿线及侧缝线位置，如图5-8所示。

② 将衣身后片的中心线和胸围线对准人台的标示线。用大头针固定，如图5-9、图5-10所示。

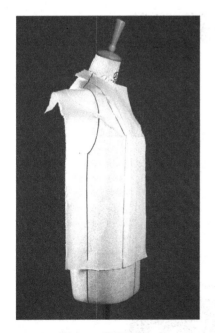
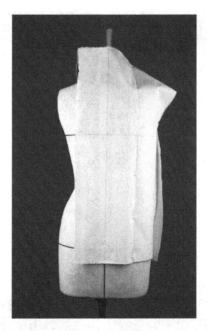
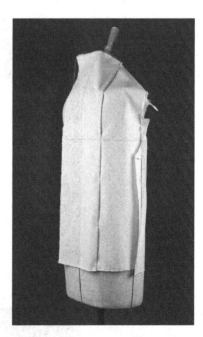

图5-8　前片贴条　　　　　　　　图5-9　固定后片　　　　　　　图5-10　后侧面状态

③如图5-11所示，沿后领口线打剪口，使衣身后片与人台服帖。

④调整衣身后片放松量，用贴条标出侧缝线及下摆位置，用大头针别和肩线、前后侧缝线，如图5-12所示。

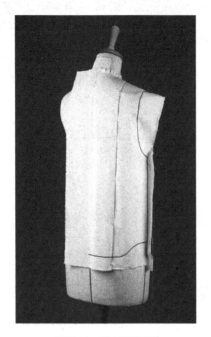

图5-11　整理后领围　　　　　　图5-12　整理肩线与侧缝线

3.取下前后片

取下前、后衣片修整缝份，将折叠量放开熨烫平整后（图5-13），用大头针别和肩线和侧缝线。

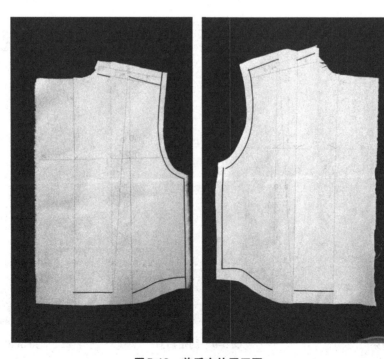

图5-13　前后衣片展开图

4.绱底领

连接后颈点至侧颈点外侧0.3cm，到前颈点下1cm处。重新粘贴衬衫领围线，将底领中心线与后衣身中心线对齐固定。将底领布向前转动，一边在底领的缝份打剪口，使底领与脖子吻合，留出松量，并用大头针固定。确定底领的高度后，用贴条标示出底领形状，如图5-14所示。

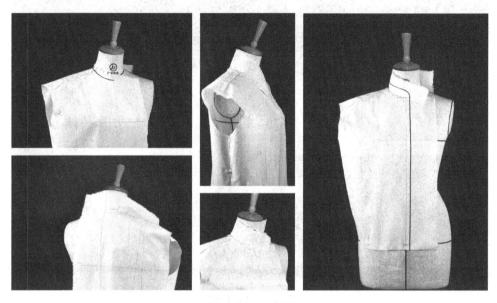

图5-14 绱底领

5.绱翻领

将翻领中心线对准底领中心线，用大头针固定。一边将翻领布向前转动，一边在翻领的缝份打剪口（图5-15），直至前中心。

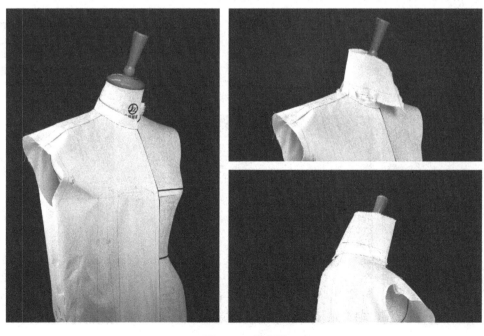

图5-15 绱翻领

6.绱领

将翻领翻折下来，用贴条标示领子造型，整理翻领的缝份（图5-16），完成衬衫领子部分的安装。

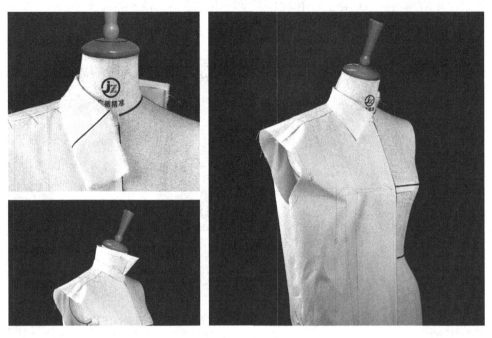

图5-16　完成绱领

7.制作袖子

① 袖子为一片袖，采用平面作图。在布上描出版型后裁好。如图5-17所示，用大头针将外侧缝与内侧缝作成筒装组装。

② 将袖子底部与衣身袖窿线对准，用大头针将袖子组装到衣身上，完成效果如图5-18所示。

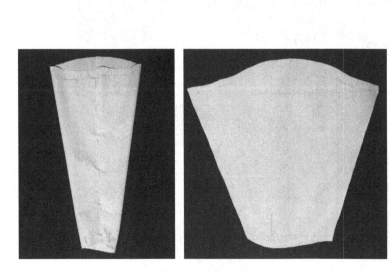

图5-17　别合袖子

图5-18　绱袖

（五）完成图

图5-19是落肩式宽松款衬衫完成图。

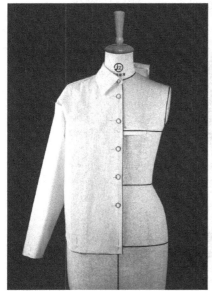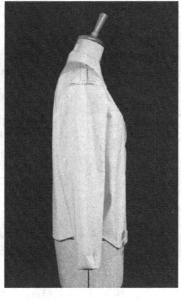

图5-19　落肩式宽松款衬衫完成图

二、育克分割式衬衫

（一）款式说明

图5-20是肩部带育克分割、翻领、有口袋的衬衫款式。肩部的育克分割造型使衬衫穿着更加合体舒适。

前面　　　　　　　　　　　　　　后面

图5-20　款式图

（二）人台准备

在人台上标出领围线以及育克造型线，在离前中心线1.5cm处标出门襟线，如图5-21所示。

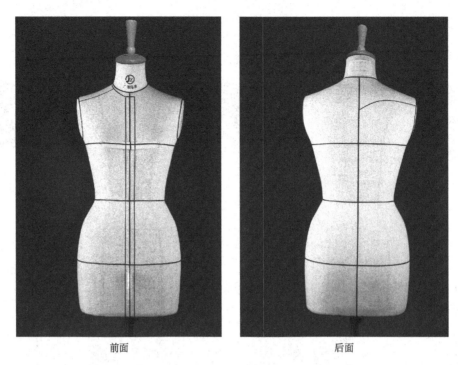

前面　　　　　　　　　后面

图5-21　人台准备

（三）备布

育克分割式衬衫的备布如图5-22所示。

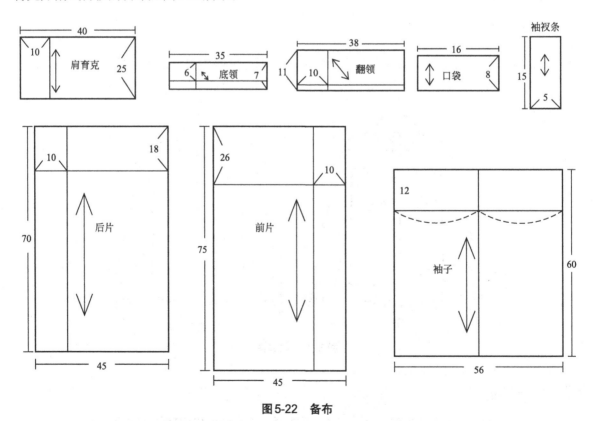

图5-22　备布

（四）布样塑型

育克分割式衬衫布样塑型主要有以下几个步骤。

1. 安装育克片

如图5-23所示，将育克片的中心线与人台的后中心线对准，用大头针固定。理顺布纹的丝缕方向，修整前后领围线并在缝份处适当打剪口。按人台上贴好的育克标示线在育克布片上点影，并整理缝份。

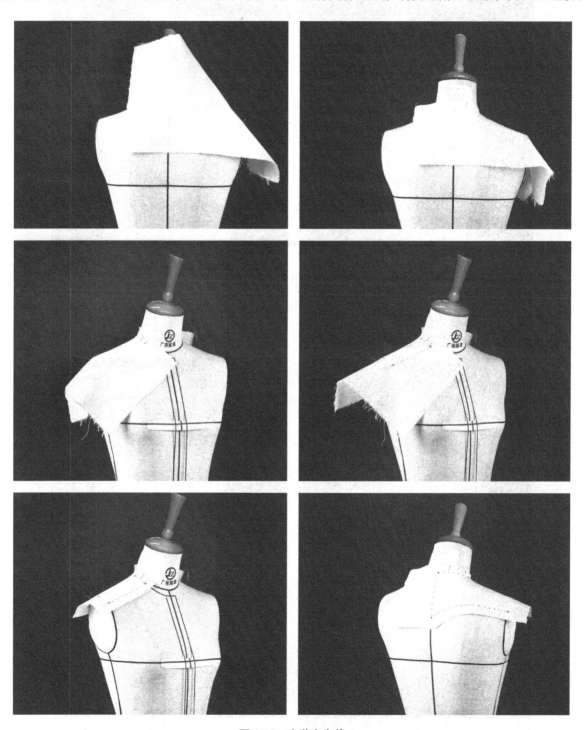

图5-23 安装育克片

2.安装前片

　　将图5-24中的衣身前片的中心线对准人台的前中心线，胸围线对准人台的前胸围线，用大头针固定前片。留出松量，确定袖窿线及侧缝线位置。整理领围及肩部。将育克片收缝份，覆盖于衣身上，用大头针固定。衣身前片与育克片别和时，可加入少许缩容量，以消化胸省。

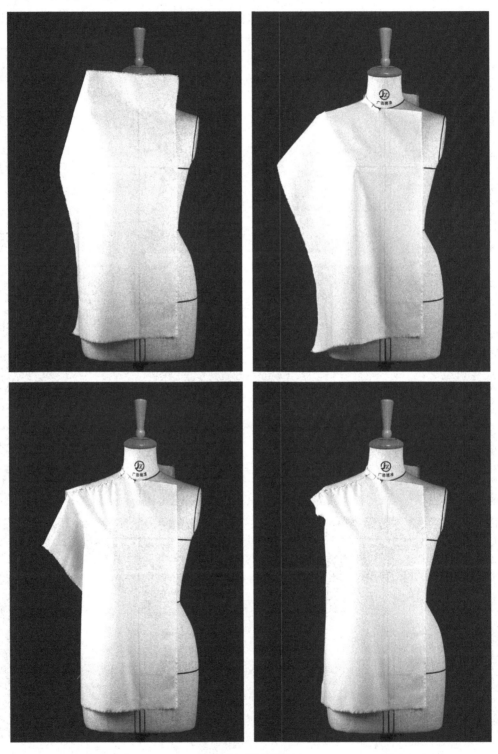

图5-24　安装前片

3.安装后片并制作前门襟

如图5-25所示，将衣身后片的中心线对准人台的前中心线，胸围线对准人台的后胸围线。将育克片覆盖于衣身上，用大头针固定。别和前后衣片的侧缝位置。用贴条贴出袖窿线与衬衫下摆的造型。前门襟可以用贴条标示出来，可以用多余坯布折出前门襟形态进行安装定位。

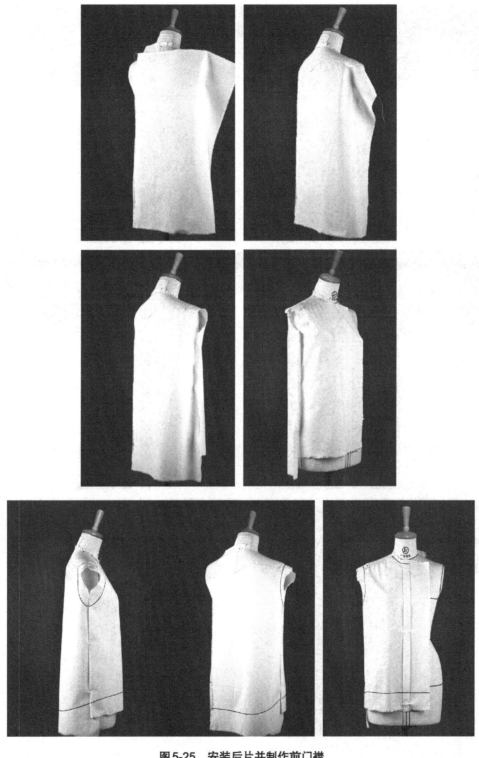

图5-25　安装后片并制作前门襟

4. 绱领

　　将底领中心线与后衣身中心线对准，将底领布向前中心线转动，一边在底领的缝份上打剪口，使底领与颈部吻合，留出松量，用贴条标示出底领形状。对齐底领与翻领的后中心线，确定翻领宽后将翻领竖起来，一边在装领侧的缝份上打剪口，一边对准底领，直至前中心线，如图5-26所示。

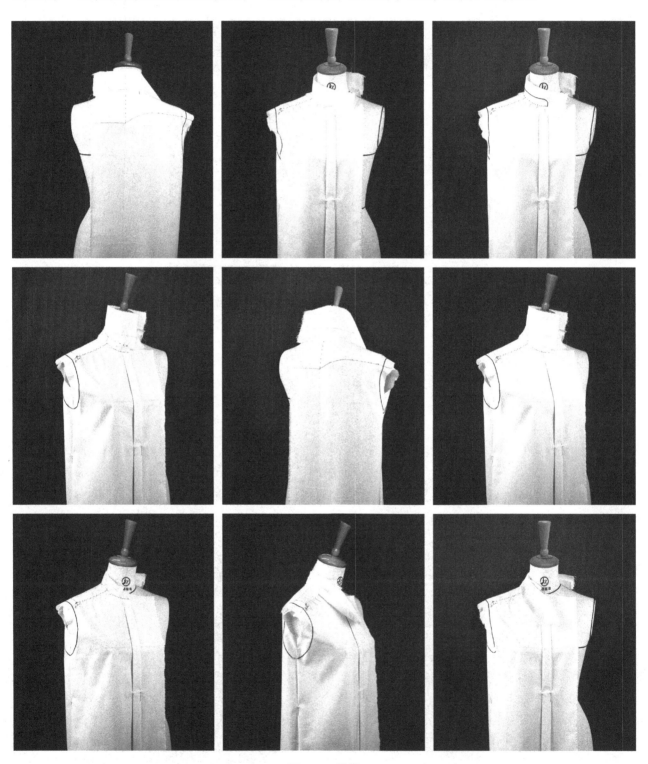

图5-26　绱领

5.绱翻领

如图5-27所示，确定翻领的领尖形态。可以用贴条辅助完成，也可以直接通过翻折确认领形效果。在底领和翻领上进行点影，整理缝份，完成绱领。

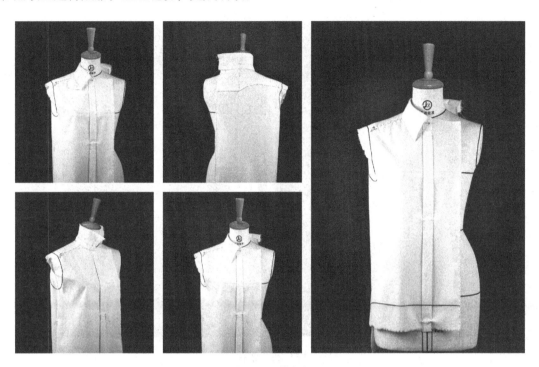

图5-27　绱翻领

6.制作袖子

如图5-28所示，袖子为一片袖，采用平面作图。在布片上直接绘制后裁好。用大头针将侧缝别和。注意袖口的褶裥位置，褶裥方向向袖前侧倒。用大头针纵向固定。测量袖口尺寸，准备袖克夫布片，将袖克夫按完成形态折好，装在袖口处。

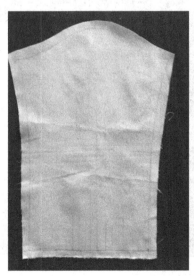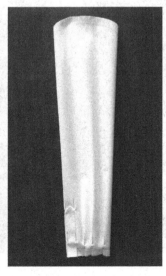

图5-28　制作袖子

7.绱袖

如图5-29所示，将袖子底部与衣身袖窿线对准，用大头针将整理好的袖子绱到衣身上。整理衣服上的缝份，在门襟上标示出纽扣的位置。

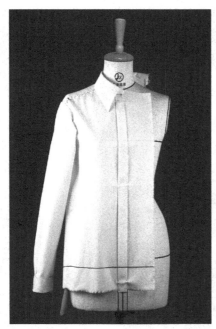

图5-29　绱袖

（五）完成图

育克分割式衬衫的完成效果如图5-30所示。

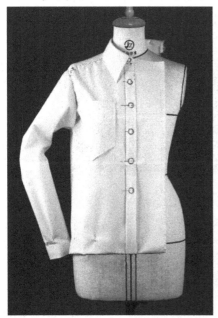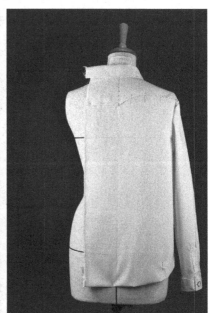

前面　　　　　　　　　　侧面　　　　　　　　　　后面

图5-30　育克分割式衬衫完成图

三、立领短袖修身衬衫

（一）款式说明

立领短袖的衬衫款式，前衣片在门襟处收褶。衬衫做了收腰处理，可以修饰身形（图5-31），体现女性身材的曲线美。

（二）人台准备

在人台上用贴条标示出领围线和门襟位置，门襟宽度为3cm（图5-32）。

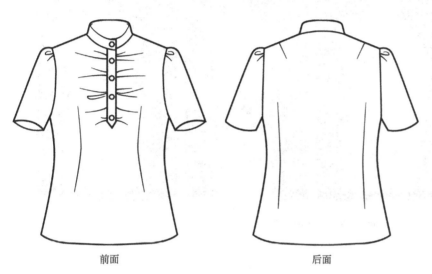

图5-31　款式图　　　　　　　　　　　　　　图5-32　人台准备

（三）备布

立领短袖修身衬衫的备布如图5-33所示。

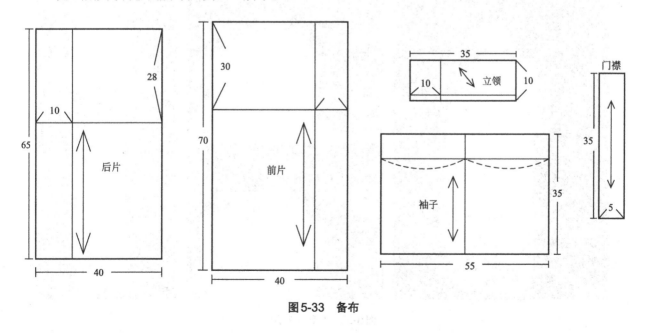

图5-33　备布

（四）布样塑型

1.制作前衣片

如图5-34所示，衣片的前中心线对准人台前中心线，胸围线对准人台的胸围线，用大头针固定。将胸省的省量转移至前中心，整理门襟处的褶量。在领围处打剪口，使衣片平顺服帖。沿标示线剪出门襟位置，留出缝份。将熨烫整理后的门襟布片安装到对应的位置。

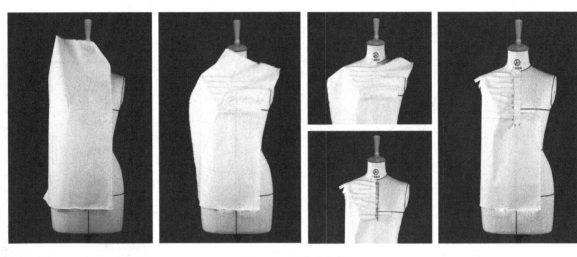

图5-34　制作前衣片

2.制作后衣片

如图5-35所示，前衣片收腰省。将后片覆盖在人台上，对准胸围线和后中心线，双针固定。收肩省及后腰省。调整衣身放松量，用大头针别和肩线和侧缝线。用贴条标示出袖窿位置。

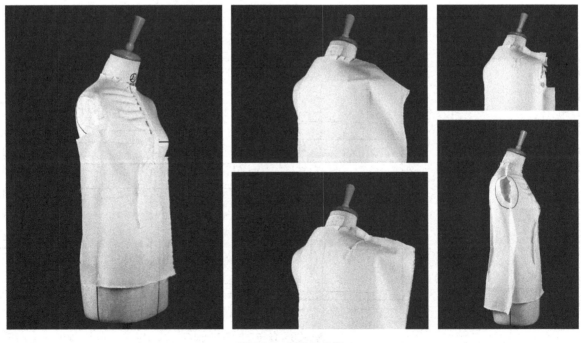

图5-35　制作后衣片

3.完成衣身

如图5-36所示，用贴条标示下摆造型，对衣身部分进行点影、整理。完成衬衫的衣身部分制作。

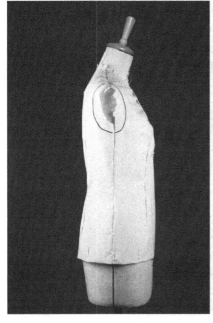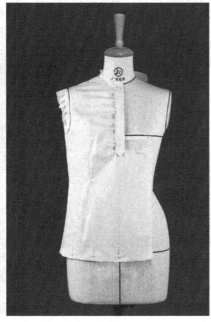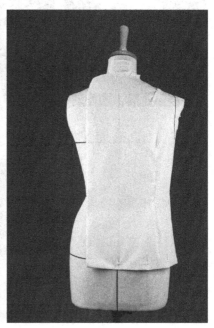

图5-36 完成衣身

4.安装立领

如图5-37所示，将立领的后中心线对准衣身的后中心线，适当打剪口使领片圆顺地环绕颈部，并留1cm左右的空隙。用贴条标示出立领高度，整理缝份，折出立领的完成形态。

图5-37 安装立领

5.绱袖

如图5-38所示，袖子为一片袖，根据衣身前后袖窿的长度，通过平面作图的方法完成。将袖片与袖窿缝合，用大头针固定侧缝，完成袖子部分。将袖子底部与衣身袖窿线对准，自下而上将整理好的袖子安装到衣身上。

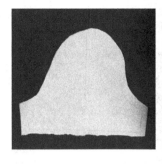
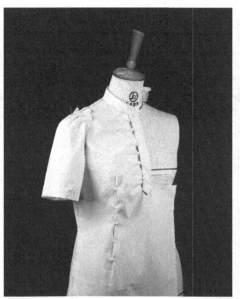
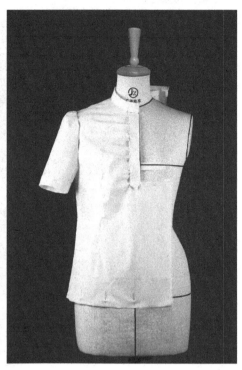

图5-38 绱袖

（五）完成图

立领短袖修身款衬衫的完成效果如图5-39所示。

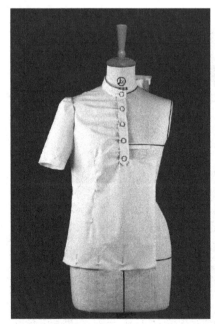
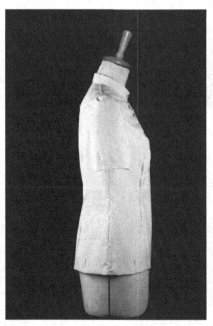
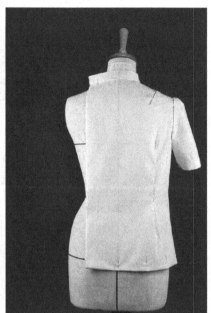

前面　　　　　　　　　　侧面　　　　　　　　　　后面

图5-39 立领短袖修身款衬衫的完成图

四、褶裥式宽松衬衫

（一）款式说明

本款为胸部带褶裥的款式衬衫（图5-40），后摆较长，袖口收紧，款式线条流畅，具有活泼、甜美的风格特点。

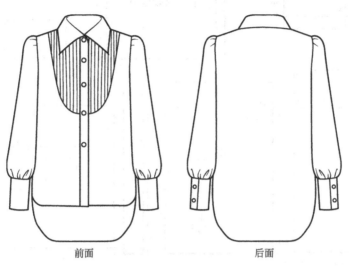

前面　　　　　　　　　　　后面

图5-40　款式图

（二）人台准备

在人台上用贴条标示出领围线、门襟位置、胸部分割线及前后摆造型，门襟宽3cm，如图5-41所示。

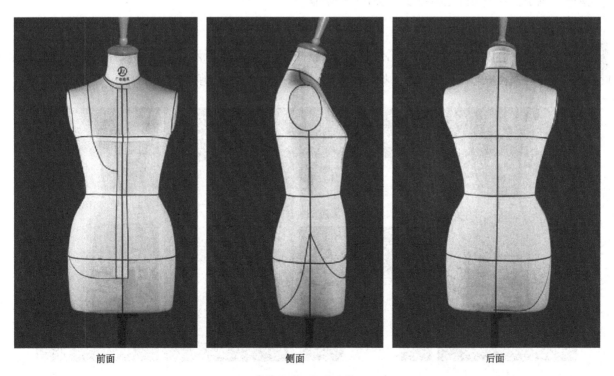

前面　　　　　　　　侧面　　　　　　　　后面

图5-41　人台准备

（三）备布

褶裥式宽松衬衫的备布如图5-42所示。

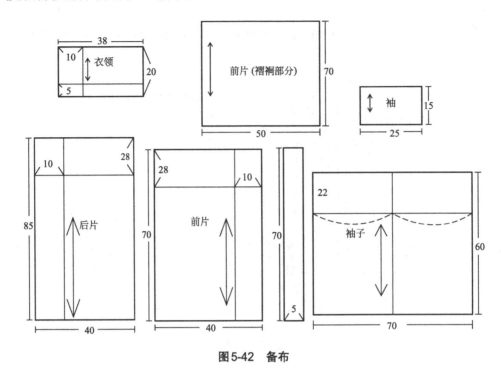

图5-42　备布

（四）布样塑型

褶裥式宽松衬衫的布样塑型主要有以下几个步骤。

1.制作前衣片

如图5-43所示，衣身前片的前中心线、胸围线对准人台的基础标示线。整理衣片，将胸省全部转向领围处，衣身与人台服帖。按人台上的标示线在布片上贴出分割线，剪去分割部分并留出缝份。

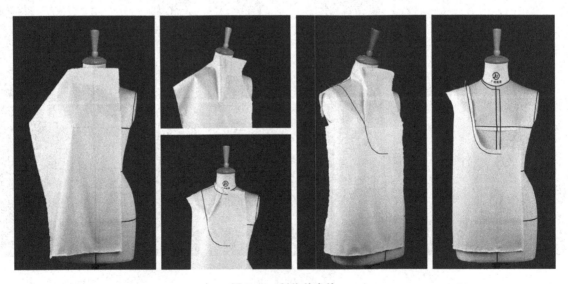

图5-43　制作前衣片

2.安装衣片褶裥

如图5-44所示，将剪下的裁片拓到折叠好的褶裥裁片上，留出缝份，裁剪褶裥裁片，并装到衣身上。

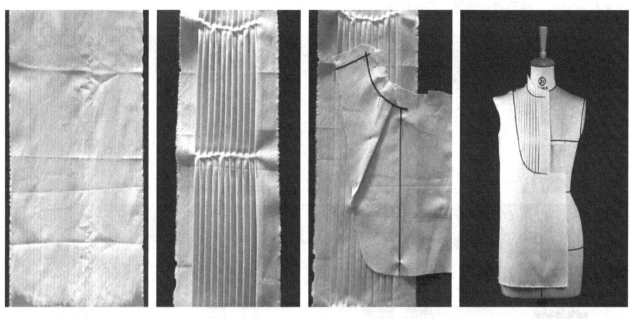

图5-44　安装前片褶裥

3.制作后衣片

如图5-45所示，将后片覆盖到人台上，对准人台后中心线与胸围线，完成后领围和肩省。对合肩缝与前后侧缝。用贴条标示出下摆造型。

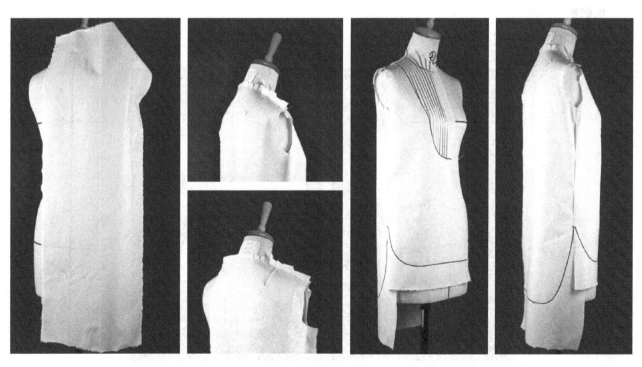

图5-45　制作后衣片

4.制作翻领

如图5-46所示，将翻领的后中心线对准衣身的后中心线，边打剪口边向前转动，直至前中心线。用贴条标示领形，整理领子缝份，完成翻领的制作。

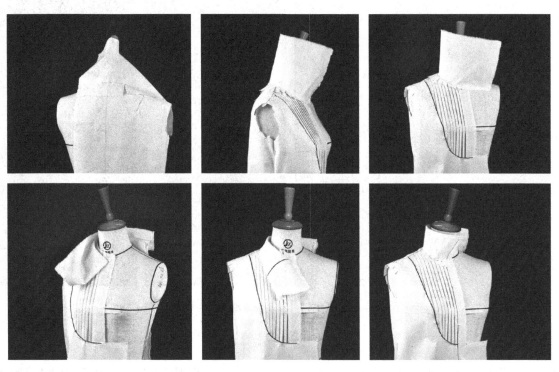

图5-46　制作领

5.绱袖

如图5-47所示，通过衬衫衣身前后袖窿的尺寸，绘制袖子纸样，制作袖片，并安装在衣身上。

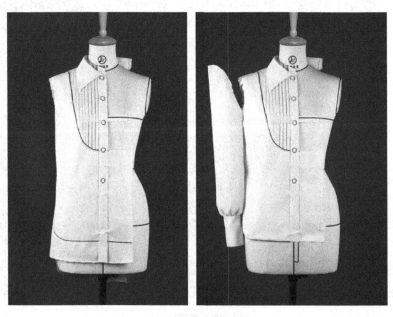

图5-47　绱袖

（五）完成图

褶裥式宽松衬衫的完成效果如图5-48所示。

前面

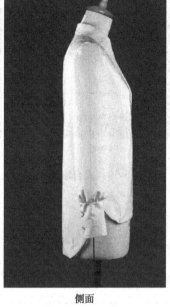
侧面

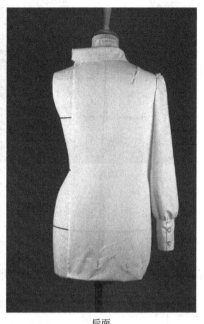
后面

图5-48 褶裥式宽松衬衫完成图

第二节

裙装的立体裁剪应用

育克分割
式波浪裙
立体裁剪

一、育克分割式波浪裙

（一）款式说明

育克波浪裙分为上下两部分，上半部分通过育克分割处理腰省，下半部分裙身呈现波浪状，可根据款式要求调节波浪量，裙长至膝盖下10cm处，如图5-49所示。

（二）人台准备

在人台上标记育克分割弧线，并将前后育克分割线均分为4份，用贴条标示，如图5-50所示。

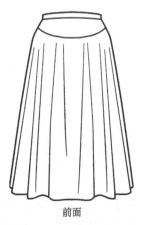
前面

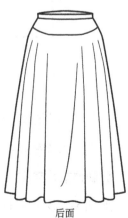
后面

图5-49 款式图

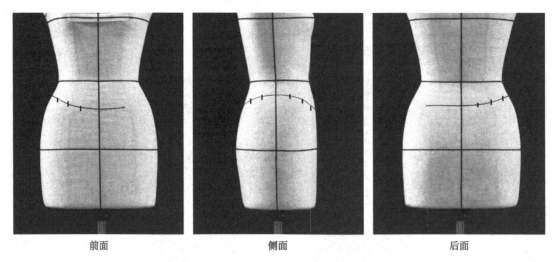

前面　　　　　　　　　侧面　　　　　　　　　后面

图5-50　人台准备

（三）备布

育克分割式波浪裙的备布如图5-51所示。

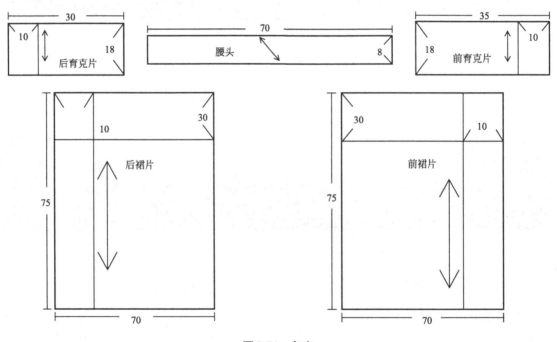

图5-51　备布

（四）布样塑型

育克分割式波浪裙的布样塑型主要有以下几个步骤。

1.制作前片育克

如图5-52所示，将前育克片的前中心线对准人台的前中心线，用大头针固定。沿腰围线处打剪口，使前育克片与人台服帖。整理前育克片，对腰围线、育克分割线位置进行点影。

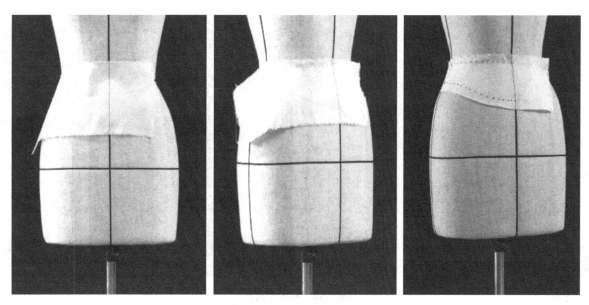

图5-52　制作前片育克

2.制作后片育克

如图5-53所示，将后育克片与前片相同方向进行操作，使用抓合针法对合侧缝。按人台上的贴条指引，在前后育克分割线上做标示。

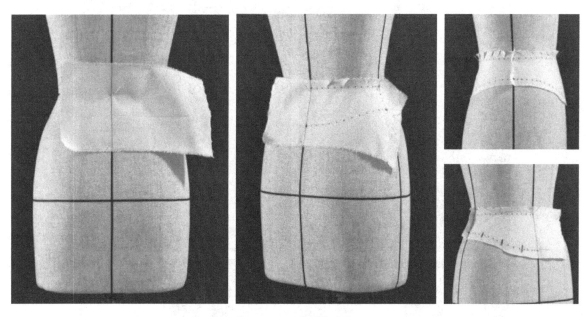

图5-53　制作后片育克

3.制作前裙片

如图5-54所示，前裙片的中心线和臀围线对准人台上标示线，用大头针固定裙片。沿育克分割线上1cm剪至A点，垂直向下打剪口至分割线上，用大头针固定。拉拽剪口下方的面料，放出适当波浪量。用与A处下方波浪量相同的制作方法，制作B、C处的波浪效果。用贴条标示出侧缝线位置，留1cm缝份进行修剪处理。

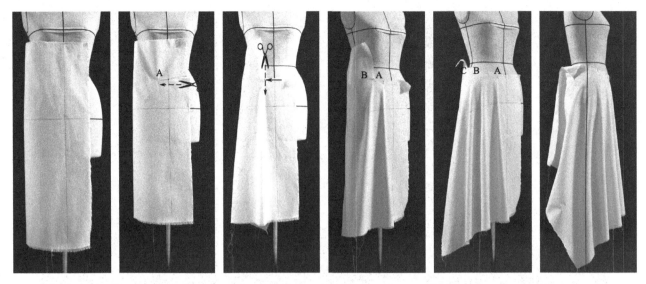

图 5-54　制作前裙片

4.制作后裙片

后裙片制作方法参考前裙片。用大头针对合侧缝线，加入前后育克片。确定裙长，用笔或贴条标示裙长位置，整理裙摆的缝份，用竖针进行固定，如图5-55所示。

图 5-55　制作后裙片

（五）完成图

图5-56是育克分割式波浪裙的完成效果图。

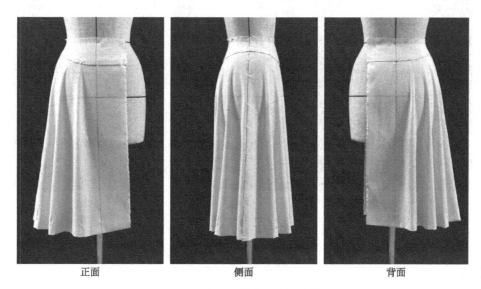

正面　　　　　　　　　　侧面　　　　　　　　　　背面

图5-56　育克分割式波浪裙完成图

二、T字分割褶裥裙

（一）款式说明

T字分割褶裥裙的前后裙片为T字形分割结构，侧面为褶裥款式。腰部合体无省位，裙两侧的褶量可满足人体活动所需尺寸。裙长至膝盖处，如图5-57所示。

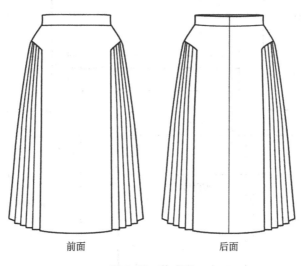

前面　　　　　　　　　　后面

图5-57　款式图

（二）人台准备

在人台上标记前后裙片的T字形分割线。注意T字裙片和侧片褶裥的比例，如图5-58所示。

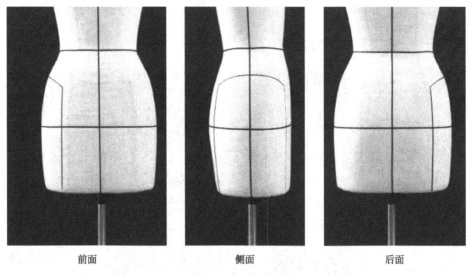

前面   侧面   后面

图5-58 人台准备

（三）备布

测量人台标示线，加入必要的缝份及裙摆贴边宽等，注意前后中心侧各加入10cm，以保持裙身的稳定性。在坯布上标出布片名称、前后中心线及臀围线，如图5-59所示。

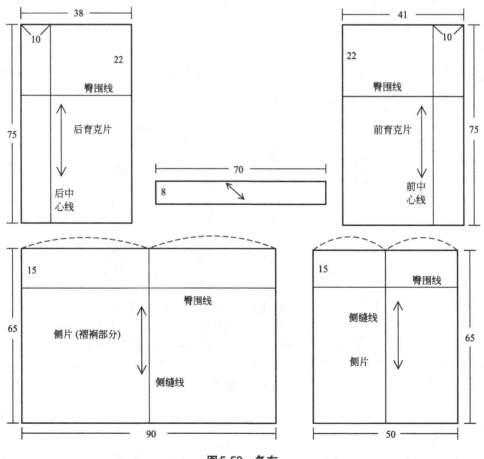

图5-59 备布

（四）布样塑型

T字分割褶裥裙的布样塑型主要有以下几个步骤。

1.制作前裙片

如图5-60所示，将前裙片的中心线和臀围线与人台上标示线对齐，用大头针固定裙片。沿腰围线处打剪口，使前片的腰部位置面料与人台服帖。按人台的辅助标示线在裙片上点影，并贴条、整理缝份。

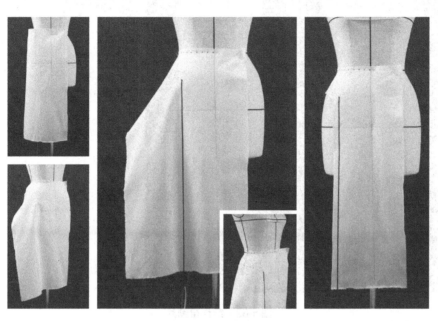

图5-60　制作前裙片

2.制作后裙片

如图5-61所示，后裙片的制作方法参考前片。合侧缝，前后裙片的侧缝位置要进行适体对合处理。

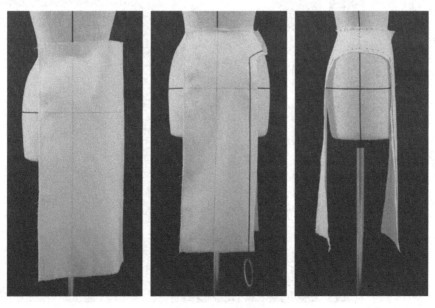

图5-61　制作后裙片

3.制作裙侧片

① 如图5-62所示，将裙侧片的侧缝线和臀围线对准人台标示线，使裙形呈现筒状，用大头针固定。根据裙子款式确定裙侧面的褶裥宽度与数量，在裙侧片的臀围线上标记出来。

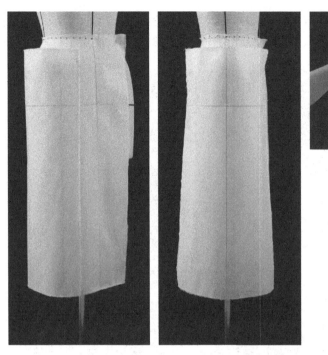

图5-62 制作裙侧片

② 如图5-63所示，用大头针从标记点向上做经纱方向的辅助线，调整其丝缕方向，使胯部的余量形成均匀褶裥。用大头针固定褶裥，并使用贴条标记出褶裥的位置。

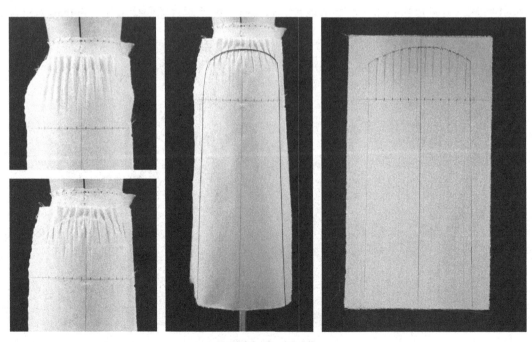

图5-63 侧裙片的布板

③ 图5-64为图5-63的平面展开图。将每条纵向线条展开，加入褶裥量。图5-65为坯布经过整理后的褶裥状态。

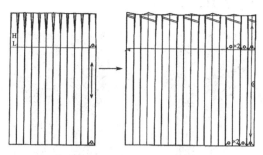

图5-64　侧裙片平面展开图

④ 如图5-66所示，将折叠整理后的侧片固定到人台上，注意臀围线与人台标示线相吻合。

⑤ 用贴条标示出侧面弧形分割线，并修整缝份，如图5-67所示。

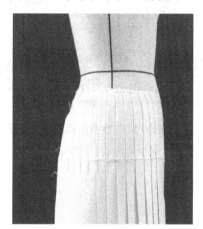

图5-65　侧裙片的褶裥状态　　　　图5-66　固定侧裙片　　　　图5-67　标示弧形分割线

4.合侧缝

如图5-68所示，将前后裙片的中心线和臀围线对准人台基准线，拼合前后裙片与侧片（图5-69）。

5.绱腰

如图5-70所示，装上腰头。用尺子确定裙长位置，整理裙摆缝份，并用竖针固定。

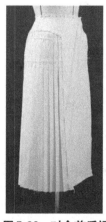

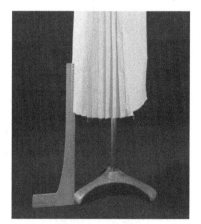

图5-68　对合前后裙　　　　图5-69　后面状态　　　　图5-70　装腰头

（五）完成图

T字分割褶裥裙的完成效果如图5-71所示。

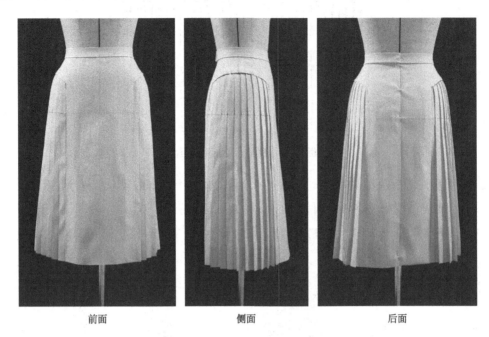

| 前面 | 侧面 | 后面 |

图5-71　T字分割褶裥裙完成图

三、育克分割工字褶裙

（一）款式说明

育克分割工字褶裙分为上下两个部分，上半部分为前后两片育克片。下半部分共分成4个工字褶（半身），无侧缝。裙长至膝盖处。工字褶为活褶，裙子的活动量来自于工字褶的展开部分，如图5-72所示。

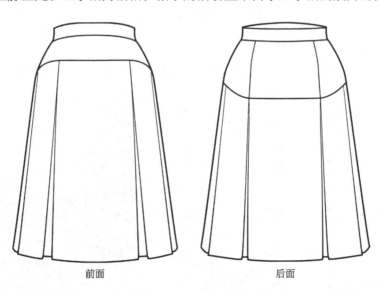

| 前面 | 后面 |

图5-72　款式图

（二）人台准备

在人台上标记育克分割弧线，并将前后育克分割线分为5份（半身），用贴条标记A、B、C、D四个点，如图5-73所示。

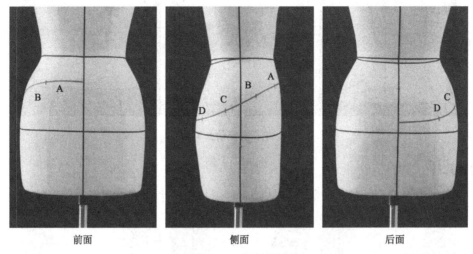

前面　　　　　　　　　　　　侧面　　　　　　　　　　　　后面

图5-73　人台准备

（三）备布

测量人台标示线，并加入必要的缝份及裙摆贴边宽等，注意前后中心侧各加入10cm，以保持裙身的稳定性。在坯布上标出布片名称、前后中心线及臀围线，如图5-74所示。

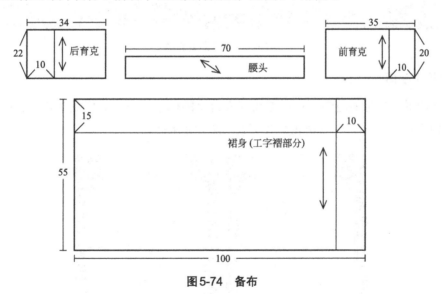

图5-74　备布

（四）布样塑型

育克分割工字褶裙的布样塑型主要有以下几个步骤。

1.安装前育克片

如图5-75所示，将前育克片的前中心对准人台前中心，用大头针固定。沿腰围线处打剪口，使前育克片的腰部位置与人台服帖，点影并整理缝份。

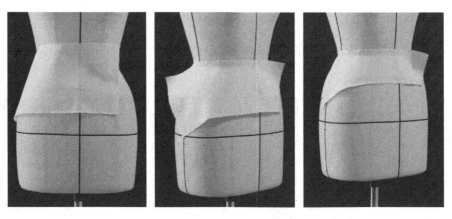

图5-75　安装前育克片

2.安装后育克片

如图5-76所示，参考原型裙的省位制作方法，后育克片取一个腰省。点影并整理缝份。

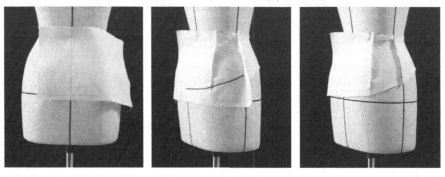

图5-76　安装后育克片

3.制作前裙片工字褶

① 如图5-77所示，裙身的前中心和臀围线与人台上的标示线重叠。用贴条按人台标示线贴至A点。从A点向下标记工字褶的位置。工字褶轮廓线可按照款式要求调整。

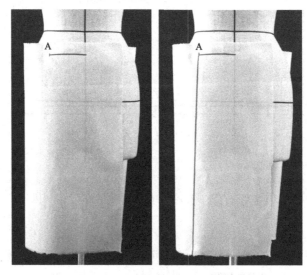

图5-77　确定前裙片工字褶位置

② 如图5-78所示，取下裙身衣片放平，制作前片工字褶，工字褶的量根据款式需要设定。①、⑥号线对向④号线，不需熨烫，用大头针固定臀围位置和下摆位置。

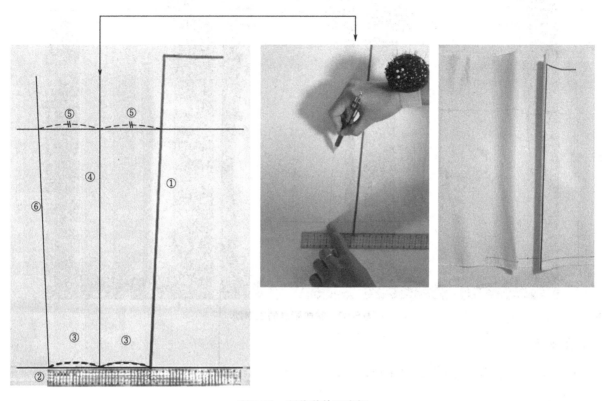

图5-78 制作前片工字褶

③ 如图5-79所示，将整理好的工字褶片前中心和臀围与人台标示线对齐，用大头针固定。

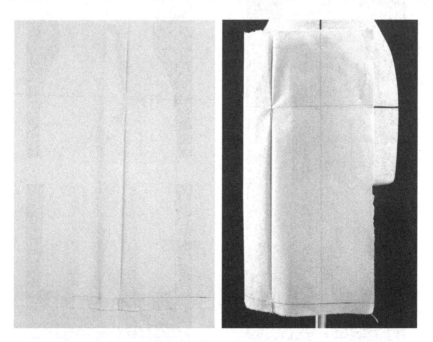

图5-79 安装前片工字褶

④如图5-80所示，制作B、C、D三个工字褶，方法同A。操作中保持裙身丝缕方向的垂直。

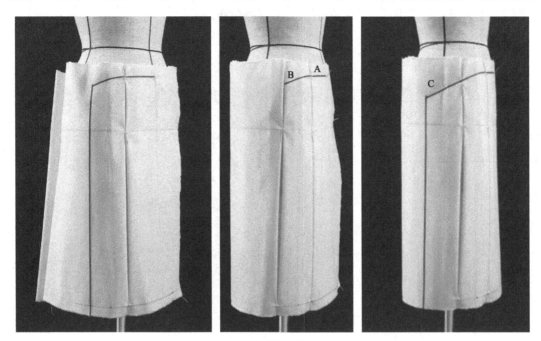

图5-80　完成裙身的工字褶

4.整理缝份

如图5-81所示，育克分割线上留1cm缝份，对裙身进行剪切整理。

5.装腰头

如图5-82所示，装上前后育克片和腰头，整理下摆长度，用竖针固定。

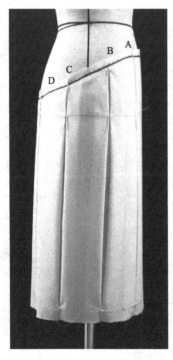

图5-81　整理缝份

图5-82　整理腰头裙摆

（五）完成图

育克分割工字褶裙的完成效果如图5-83所示。

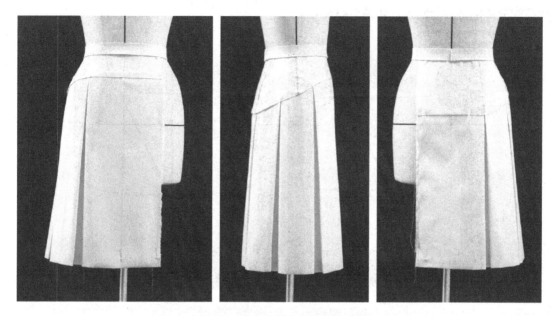

图5-83　育克分割工字褶裙完成图

四、鱼尾裙

（一）款式说明

此款为八片鱼尾裙，腰部、臀部及大腿中部裙身合体，膝盖以下呈鱼尾状。裙身的斜线分割结构更加凸显女性的修长体形与优雅线条。根据个人需要可调整鱼尾展开的位置与大小幅度以及裙片的数量，如图5-84所示。

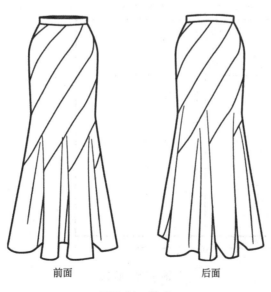

前面　　　　　　　　后面

图5-84　款式

（二）人台准备

为方便对鱼尾裙裁片的定位，在人台上标示出分割线的斜线角度。如图5-85所示，标示出经前后中心线与臀围线交点的斜向分割线，如图5-85所示。

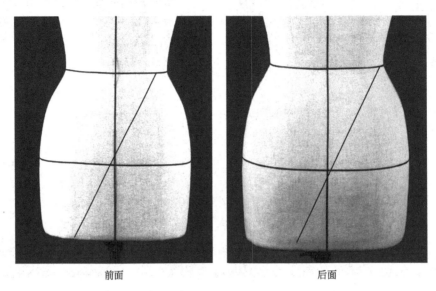

前面　　　　　　　　　　后面

图5-85　人台准备

（三）备布

测量人台标示线，并加入必要的缝份及裙摆贴边宽等。在坯布上标出布片名称、臀围线及裙身的前中心线，如图5-86所示。

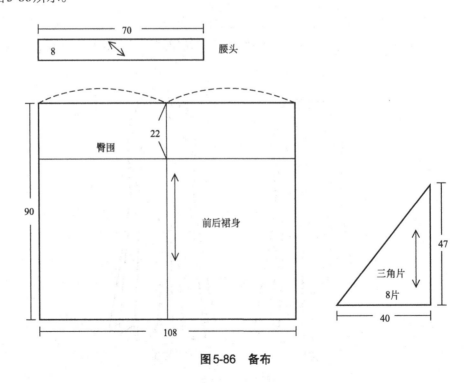

图5-86　备布

（四）布样塑型

鱼尾裙的布样塑型主要有以下几个步骤。

1.固定裙片

如图5-87所示，将裙片的前中心线、臀围线对准人台的前中心线和臀围线。用大头针固定，使裙身呈现直筒状。

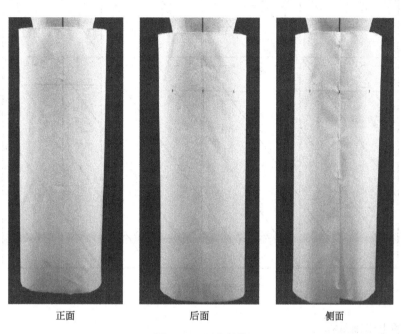

正面　　　　　　　　　　后面　　　　　　　　　　侧面

图5-87　固定裙片

2.标示分割线

如图5-88所示，将裙身均分为8份，参考人台的斜向分割线，用贴条标示出来。也可只标示一条线，其他线条在平面上绘制。

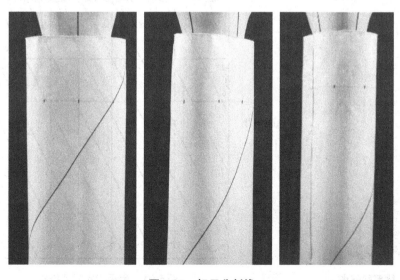

图5-88　标示分割线

3.展开裙片

图5-89为裙片的展开图,在平面上绘制分割线时,以贴条为基准线,其他斜向分割线的角度与其保持一致。

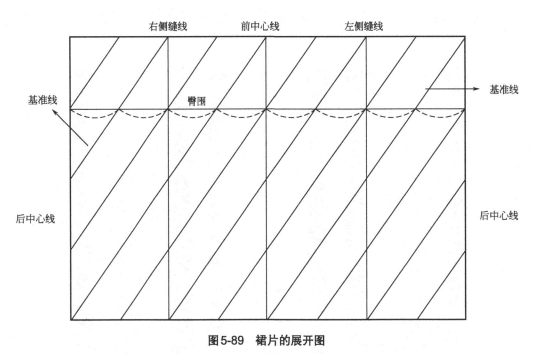

图5-89　裙片的展开图

4.制作鱼尾裙的上半部纸样

如图5-90所示,对鱼尾裙的腰部进行收省处理。省位的位置落在斜向分割线上,注意各省量的均匀调节整理。鱼尾裙的裙片纸样如图5-91所示。

图5-90　腰部斜省图

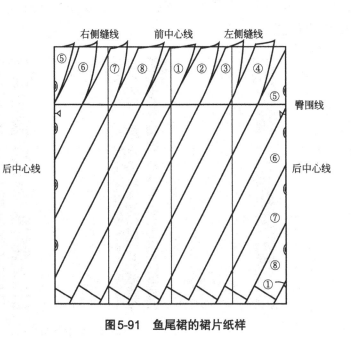

图5-91　鱼尾裙的裙片纸样

5.标示鱼尾裙下部的分割线

如图5-92所示，用贴条标示出鱼尾下摆部分的分割位置。此款为前高后低的设计。具体位置及角度要根据款式操作。

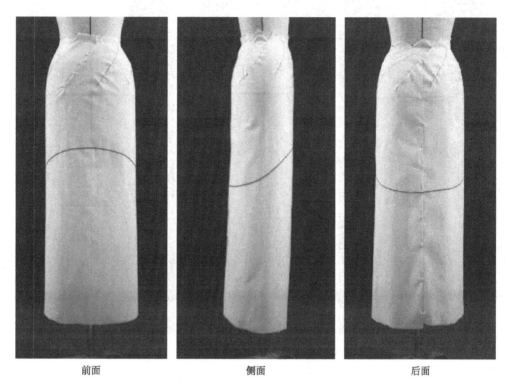

前面   侧面   后面

图5-92　标示鱼尾裙的裙摆分割线

6.加裙摆三角片并整理下摆

如图5-93所示，从裙摆底部沿斜向标示线剪至鱼尾分割线位置。绱腰头。将三角夹片的直角位置于右下角，装入刚剪开的斜向分割线内。整理裙摆（图5-94），使其保持水平。

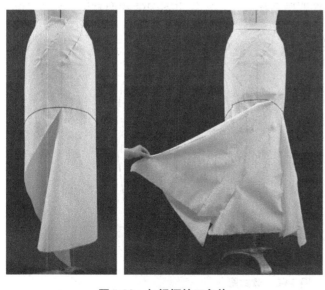

图5-93　加裙摆的三角片

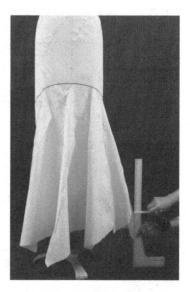

图5-94　整理下摆

（五）完成图

鱼尾裙的完成效果如图5-95所示。

图5-95 鱼尾裙完成图

五、灯笼裙

（一）款式说明

此款为花苞式带褶裥的半裙，其特点在于把腰部的省量化为褶裥量，臀部微微鼓起，下摆收紧，呈现花苞般的廓形。在制作中也可以根据设计需要调整褶裥量，制作出不同的款型效果，如图5-96所示。

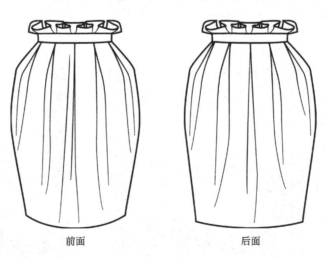

前面　　　　　　　　　后面

图5-96 款式图

（二）备布

灯笼裙的备布尺寸如图5-97所示。

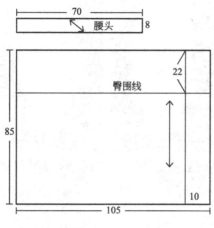

图5-97　备布

（三）布样塑型

灯笼裙的布样塑型主要有以下几个步骤。

1.灯笼裙前面塑型

如图5-98所示，将裙片的前中心线、臀围线对准人台的前中心线和臀围线，提起裙片的后半部分围绕人台，使裙片的下摆呈内收的廓形，用大头针固定。从前中心开始，将腰部多余的量收成工字褶。注意褶裥量的分配要均匀。褶裥的位置可以参考腰部省道的位置。调整好褶裥量与位置后，用大头针固定。

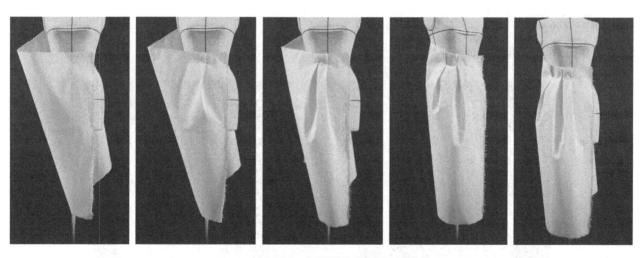

图5-98　灯笼裙前面塑型

2.灯笼裙后面塑型

如图5-99所示，裙片的前部完成后，转动人台，以相同的方法完成裙身后面的褶裥造型。从不同角度观察裙子的造型并调整，剪去多余坯布，留出缝份。熨烫腰带，覆盖于裙片上并整理裙摆。完成灯笼裙制作。

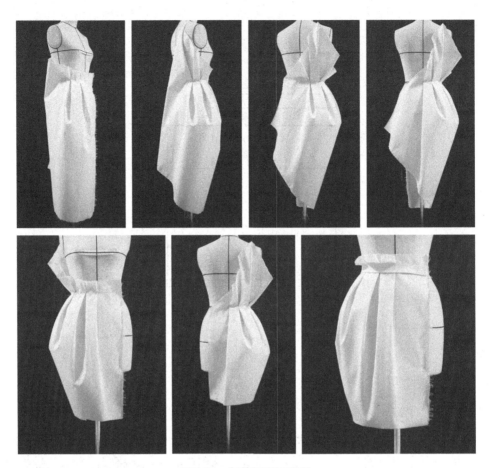

图5-99　灯笼裙后面塑型

（四）完成图

图5-100是灯笼裙的完成效果图。

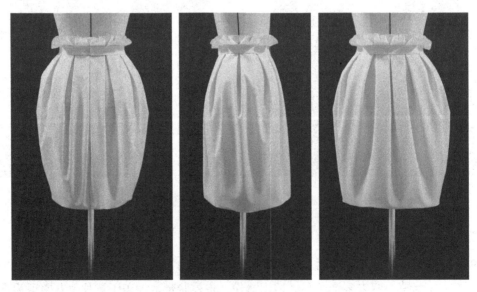

图5-100　灯笼裙完成图

第三节

连衣裙的立体裁剪应用

一、宽松式低腰百褶连衣裙

（一）款式说明

图5-101为宽松式连衣裙的款式图。领围带有蝴蝶结，无袖、腰部不收省，裙身含有较大松量。穿着中裙摆随行走轻轻摆动，体现女性活泼、可爱的一面。为了体现轻盈、活泼的特点，可以选用较薄的面料来制作。

（二）备布

宽松式低腰百褶连衣裙的备布如图5-102所示。

前面　　　　　　后面

图5-101　款式图

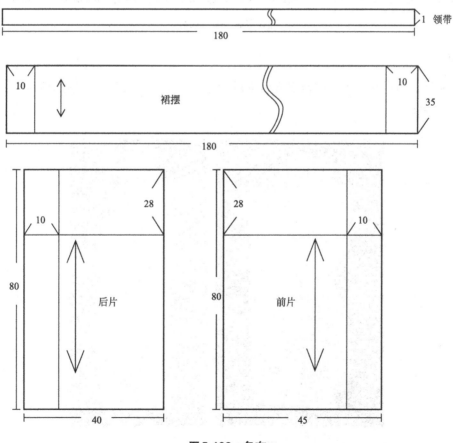

图5-102　备布

（三）布样塑型

宽松式低腰百褶连衣裙的布样塑型主要步骤如下。

1.固定前片

如图5-103所示，将前片的前中心线与胸围线对准人台标示线，用大头针固定。调整裙摆松量，贴出侧缝线，沿前领围处打剪口，捏出胸省。

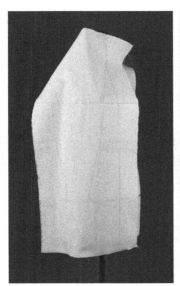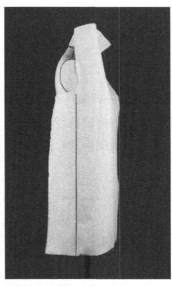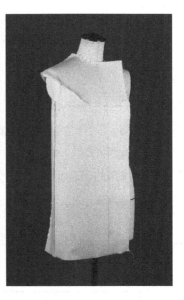

图5-103　固定前片

2.固定后片

如图5-104所示，将后片的中心线对准人台的后中心线，用大头针固定。捏出后肩省，沿后领围处打剪口，贴出后片侧缝线。

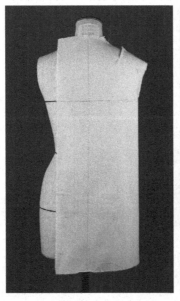

图5-104　固定后片

3.制作领结与裙摆

如图5-105所示，整理侧缝。将领带熨烫整理后置于领围处，系蝴蝶结。用贴条标出百褶位置。将抽缩处理后的百褶裙片覆盖在标示位置上，用大头针固定。

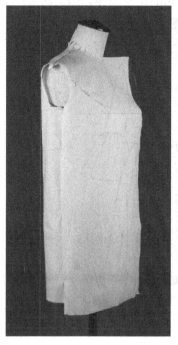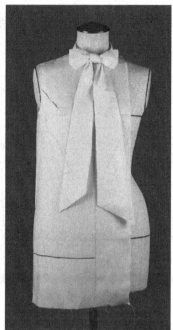

图5-105　制作领结和裙摆

（四）完成图

图5-106是宽松式低腰百褶连衣裙的完成效果图。

图5-106　宽松式低腰百褶连衣裙完成图

二、V字领收腰款连衣裙

（一）款式说明

具有洛可可式宫廷风格的连衣裙，高贵优雅。收腰设计与略蓬起的裙摆造型，强调腰部线条的X形，V领及褶裥的袖口装饰也为本款连衣裙增加精致感和浪漫气息，如图5-107所示。

前面　　　　　　　　　后面

图5-107　款式图

（二）人台准备

在人台上贴出V字领造型，在腰围线上10cm处标示出腰部分割线，如图5-108所示。

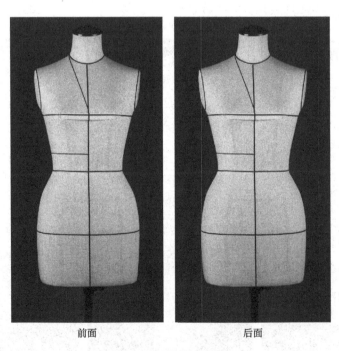

前面　　　　　　　　　后面

图5-108　人台准备图

（三）备布

V字领收腰款连衣裙的备布如图5-109所示。

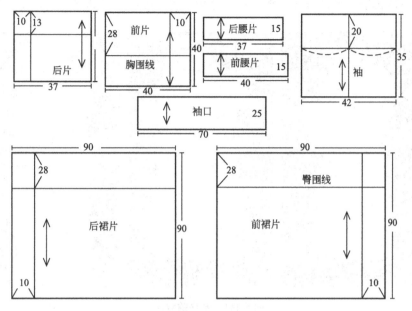

图5-109　备布

（四）布样塑型

V字领收腰款连衣裙布样塑型的主要步骤如下。

1. 制作领口和腰省

如图5-110所示，将衣身前片的前中心线及胸围线对准人台标示线，用大头针固定。沿人台的领围标示线修整领形。捏出腰省，整理前片缝份。

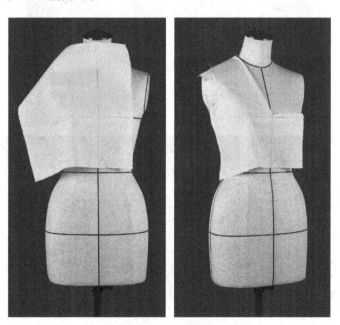

图5-110　完成领围和前腰省

2.制作前腰片

如图5-111所示，将腰部前片的中心线对准人台标示线，沿标记线处打剪口，使前片的腰部位置与人台服帖。用贴条标示腰围线，整理缝份。将衣身前片翻下来，覆盖在腰部前片上，用大头针固定。

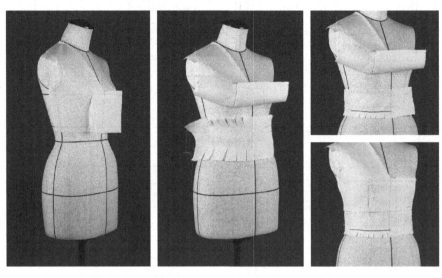

图5-111　制作前腰片

3.制作后腰片

将衣身后片覆盖在人台上，对准人台的后中心线与胸围线，捏出肩省与后腰省。将后腰片的中心线对准人台的后中心线，沿标记线处打剪口，使布片与人台服帖。整理后片底部的缝份后，覆盖到后腰片上，用大头针固定。如图5-112所示。

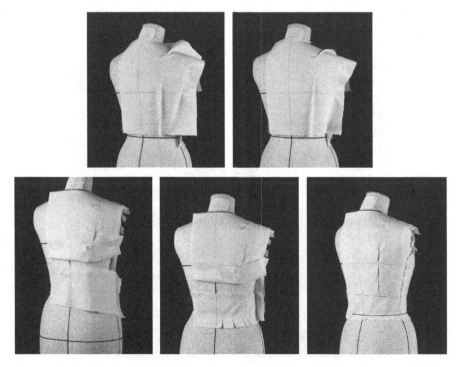

图5-112　制作后腰片

4.制作前裙片

如图5-113所示，将前裙片的前中心对准人台的前中心线，用大头针固定。沿腰围线上2cm剪去部分面料，拉拽剪口下方的面料，放出适当的褶皱量。

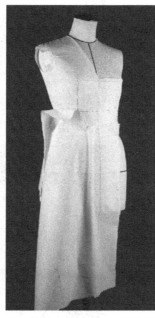

图5-113 制作前裙片

5.制作后裙片

如图5-114所示，与前裙片的波浪量相同，制作后片的波浪效果。修整缝份，将衣身裁片覆盖在裙片上，用大头针固定。

图5-114 制作后裙片

6.制作袖子

如图5-115所示，测量衣身前后袖窿长，绘制出袖片。加入抽缩好的袖口。

图5-115　袖子

7.绱袖

如图5-116所示，将完成的袖子用大头针固定到衣身上。

8.确定裙长

如图5-117所示，根据裙子造型需要来确定裙长。

图5-116　绱袖

图5-117　确定裙长

（五）完成

图5-118是V字领收腰款连衣裙的完成效果图。

图5-118　Ｖ领收腰款连衣裙完成图

三、露背式工字褶裙

（一）款式说明

腰节分割式工字褶裙在腰围处有分割，腰部的省量收为工字褶，裙摆张开，可满足人体活动所需尺寸。背部镂空，领围为绕脖吊带式，如图5-119所示。

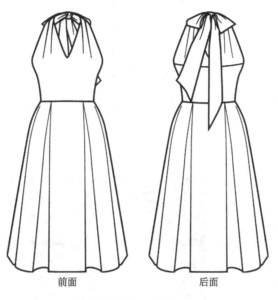

前面　　　　　　　后面

图5-119　款式图

（二）人台准备

在人台上标记领子的造型以及裙片背部的镂空造型，如图5-120所示。

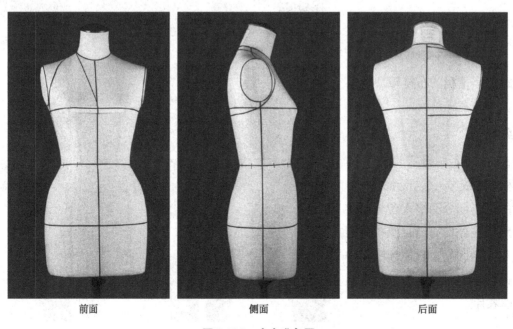

前面　　　　　　　侧面　　　　　　　后面

图5-120　人台准备图

（三）备布

露背式工字褶裙的备布如图5-121
所示。

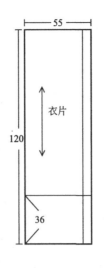
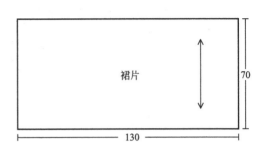

图5-121　备布

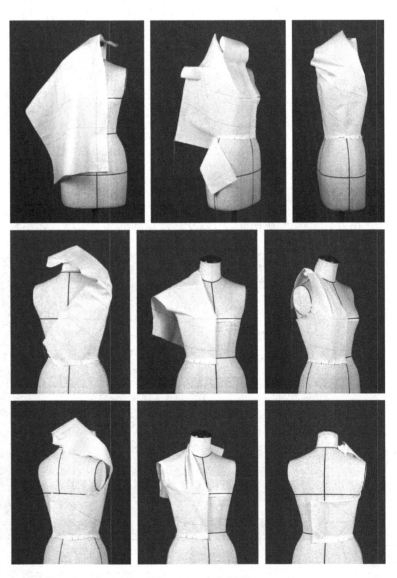

（四）布样塑型

露背式工字褶裙的布样塑型主要
步骤如下。

1.衣身制作

如图5-122所示，将衣身布片的
前中心线和胸围线与人台标示线对齐。
提起布片的后半部分围绕人台至后中
心线，沿腰围线处打剪口，使布片的
腰部位置与人台服帖。整理领围，按
人台的辅助标示出剪出缝份，收领围
缝份，整理衣片。

图5-122　衣身制作

2.裙片制作

如图5-123所示，将裙片覆盖在人台上，从前中心开始调整裙摆的褶裥量，用大头针固定。根据裙子款式确定裙摆的褶宽与褶量。将裙片取下，进行平面调整后安装到人台上，将衣身布片覆盖在裙片上，用大头针固定。

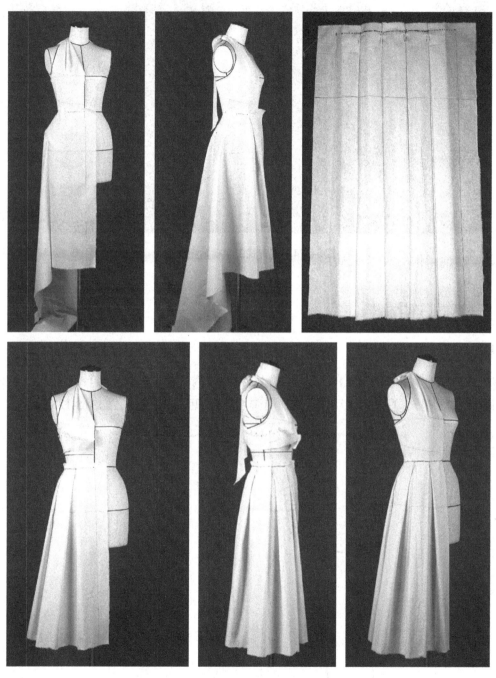

图5-123　裙片制作

（五）完成

露背式工字褶裙的完成效果如图5-124所示。

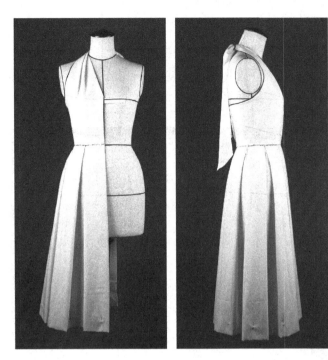

图5-124　露背式工字褶裙完成图

四、不对称式连衣裙

（一）款式说明

不对称式连衣裙为V字领交叉式的无袖连衣裙。裙身将胸省与腰省的省量转向同一方向并收为褶裥，考虑到褶裥与修身的特点，在面料上可以选用具有弹性的针织面料来制作，如图5-125所示。

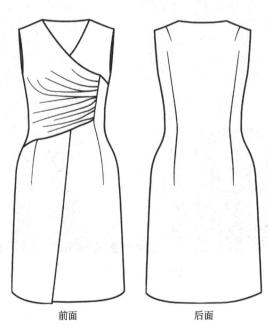

前面　　　　　　　后面

图5-125　款式图

（二）人台准备

在人台上标记领围线、褶裥分割线、裙摆分割线及后腰省位的标示线，如图5-126所示。

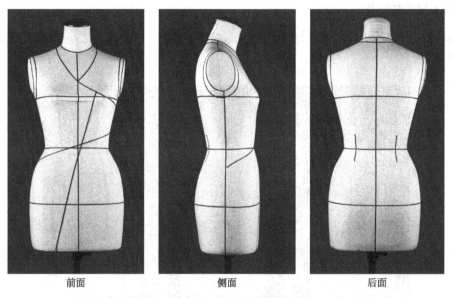

前面　　　　　　　　　　侧面　　　　　　　　　　后面

图5-126　人台准备

（三）备布

不对称式连衣裙的备布如图5-127所示。

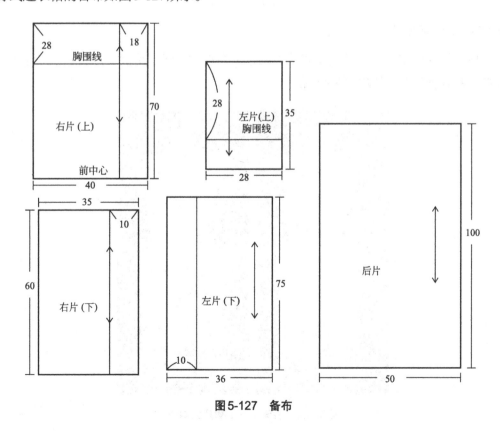

图5-127　备布

（四）布样塑型

不对称式连衣裙的布样塑型主要步骤如下。

1.左侧（下）裙片的制作

如图5-128所示，将左侧（下）裙片的前中心线对准人台前中心线，用大头针固定。捏出腰省，沿标记线剪去多余面料。

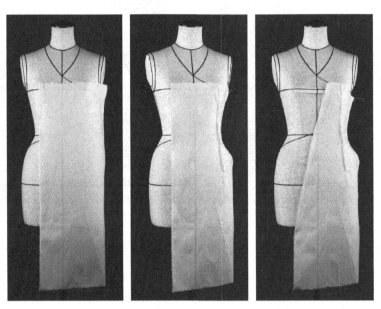

图5-128　左侧（下）裙片的制作

2.右侧（下）裙片的制作

如图5-129所示，将右侧（下）裙片的前中心对准人台前中心线，用大头针固定。整理腰部，捏出腰省，沿标示线剪去多余面料，点影并整理缝份。

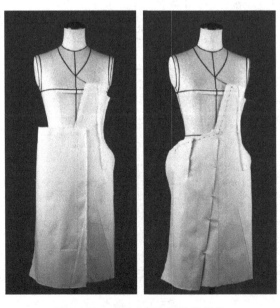

图5-129　右侧（下）裙片的制作

3.左侧（上）裙片的制作

如图5-130所示，将左侧（上）裙片的胸围线对准人台胸围线，沿标记线剪去多余面料，点影并整理缝份。

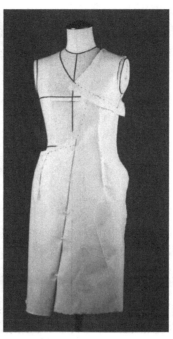

图5-130　左侧（上）裙片的制作

4.右侧（上）裙片的制作

如图5-131所示，将右侧（上）裙片的胸围线和前中心线对准人台标示线，先确定侧缝线位置，从腋下点沿前袖窿向肩点方向推送面料。袖窿弧度部分打剪口，剪去多余面料。整理肩部，将胸省全部推转至前中心，抓出款式所需褶裥量，用大头针固定。

图5-131　右侧（上）裙片的制作

5.后片制作

如图5-132所示，为了方便确认面料的丝缕方向，可在后片上绘制后中心线和胸围线。将裙子后片固定在人台上，裁剪后领围，整理肩省和腰省，对合前后片的侧缝线。

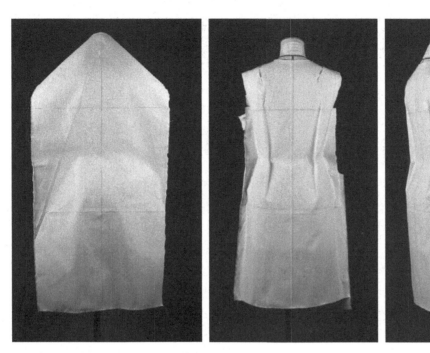

图5-132　后片制作

（五）完成

不对称式连衣裙的完成效果如图5-133所示。

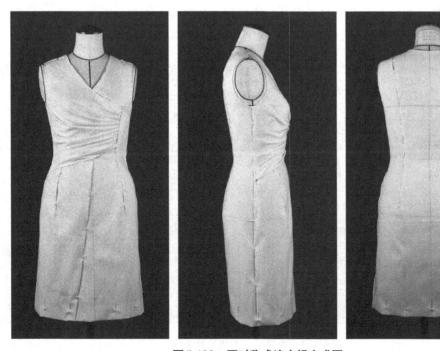

图5-133　不对称式连衣裙完成图

第四节

外套的立体裁剪应用

一、公主线饻驳领外套

（一）款式说明

本款外套为单排扣、饻驳领，是以公主线作为分割的四面构成结构。公主线的纵向分割使款式具有较强的立体感，具有优雅的感觉，如图5-134所示。

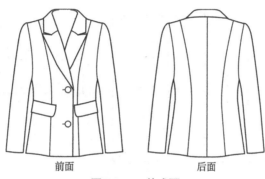

前面　　　　　　　　后面

图5-134　款式图

（二）人台准备

在人台上标出饻驳领的造型、公主分割线及门襟的位置。如外套需加入肩垫，可选择适当厚度的肩垫固定在肩部，如图5-135所示。

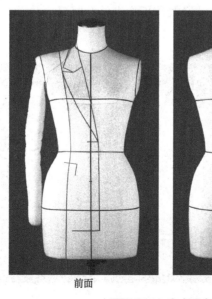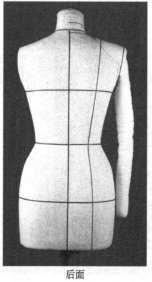

前面　　　　　　　　后面

图5-135　人台准备

（三）备布

公主线戗驳领外套的备布如图5-136所示。

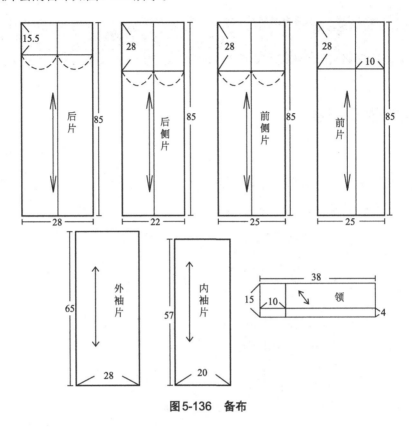

图5-136　备布

（四）布样塑型

公主线戗驳领外套的布样塑型主要步骤如下。

1.确定戗驳领的位置

如图5-137所示，前片固定在人台上。在戗驳领翻折止点处打剪口，并沿戗驳领翻折处翻折布片。用贴条标示出驳头的形状。

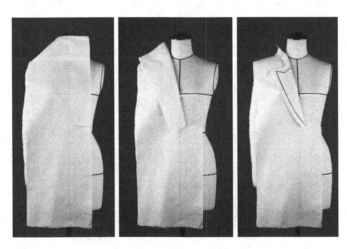

图5-137　确定戗驳领位置

2.制作前片与前侧片

如图5-138所示，用贴条贴出公主线位置，留1cm缝份，剪掉多余部分。将前侧片对准人台前侧面。按公主线捏合前片与前侧片，调整下摆处的松量，用大头针固定。

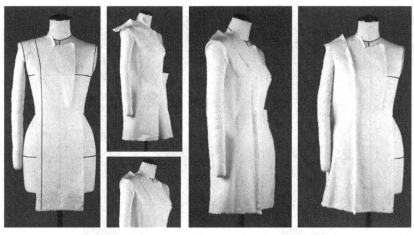

图5-138 制作前片与前侧片

3.制作后片与后侧片

如图5-139所示，将后衣片的中心线和胸围线与人台的标示线对准，用大头针固定。裁剪后领围。在腰围线处打剪口。用贴条标示出新后中心线位置及后公主线位置。后侧片对准人台后侧面，保持后侧片的纱向垂直。在下摆处加入适当松量。用大头针固定后侧片与后片并整理缝份。

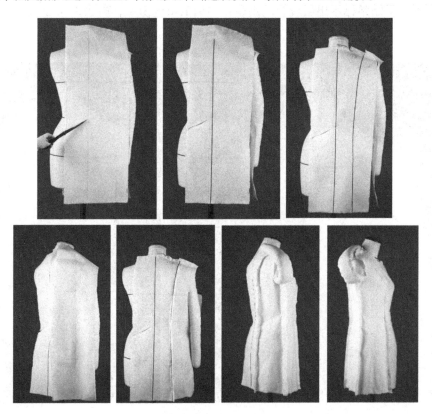

图5-139 制作后片与后侧片

4.安装纽扣、绱戗驳领

如图5-140所示，在前片上标示出纽扣位置。将戗驳领的中心线对准人台的后中心线。边打剪口边沿着领围线向前片方向固定至A点。注意戗驳领与人台颈部间需要留有适当空隙量。

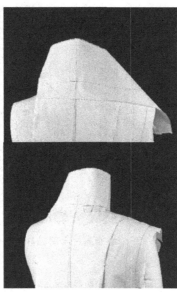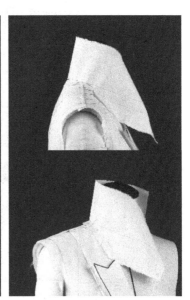

图5-140　装纽扣并绱领

5.完成戗驳领

如图5-141所示，用贴条标示出戗驳领的造型，预留1cm缝份量，剪去多余面料。缝份向内折，整理完成戗驳领。

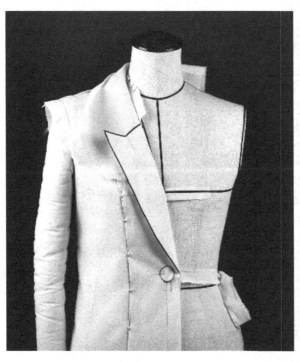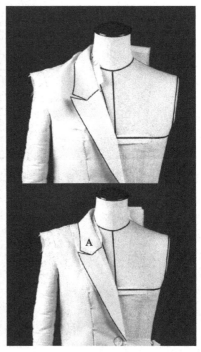

图5-141　完成戗驳领

6. 制作并绱袖子

① 按图5-142完成袖子纸样，裁出大小袖片，用大头针别和为筒状。

② 如图5-143所示，将别和好的袖子装到衣身上，从腋下点开始向上安装。

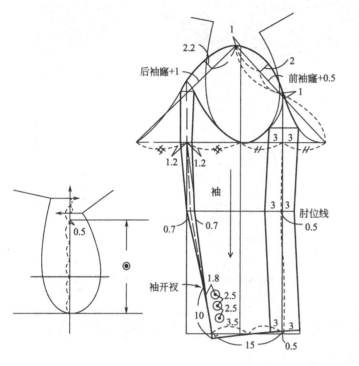

图5-142　袖子纸样

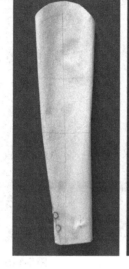

图5-143　绱袖

③ 注意袖山处缩缝量要分配均匀。完成后的袖子会略向前弯曲（图5-144）。

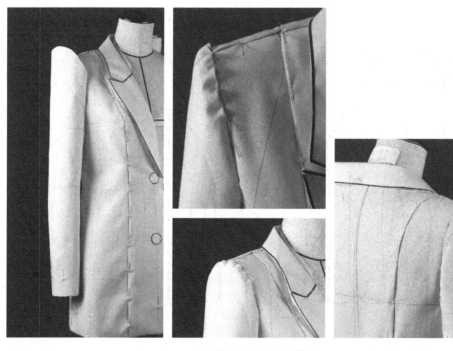

图5-144　整理袖山造型

（五）完成图

图5-145是公主线戗驳领外套的完成效果图。

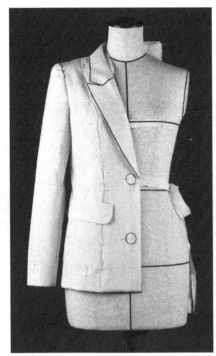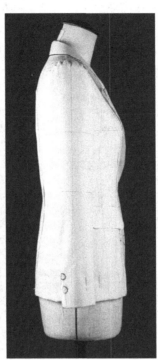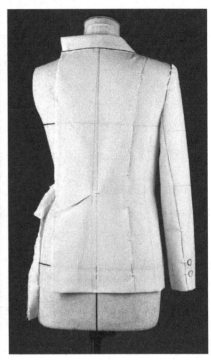

图5-145　公主线戗驳领外套完成图

二、插肩袖褶裥外套

（一）款式说明

插肩袖褶裥外套，袖型为插肩袖款式。腰部两侧有褶裥。在造型上强调了女性的腰身曲线美，是时尚利落的外套款式，如图5-146所示。

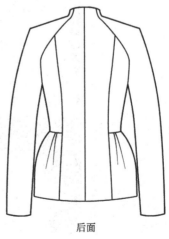

前面　　　　　　　　　　后面

图5-146　款式图

（二）人台准备

在人台上标记前后衣片的分割线及插肩袖造型，可根据需要加入肩垫，如图5-147所示。

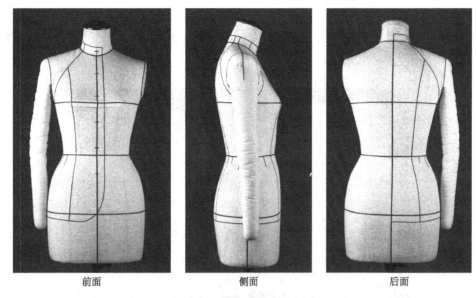

前面   侧面   后面

图5-147　人台准备

（三）备布

插肩袖褶裥外套的备布如图5-148所示。

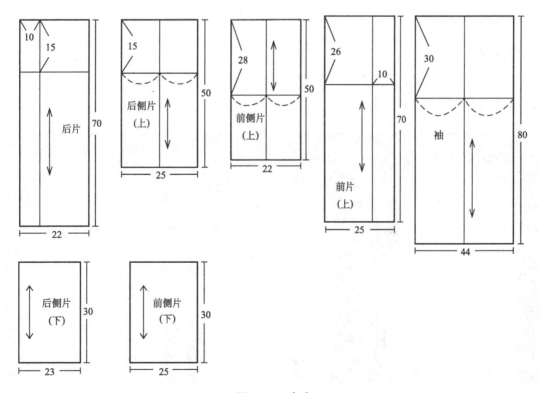

图5-148　备布

（四）布样塑型

插肩袖褶裥外套的布样塑型有以下几个步骤。

1.固定前片

如图5-149所示，将前片的前中心线与胸围线对准人台标示线，用大头针固定。沿标记好的分割线剪去多余面料，缝份可预留1.5 ~ 2cm。

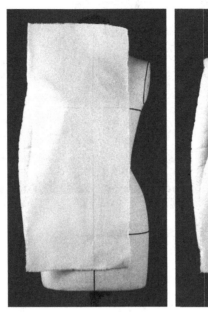

图5-149　固定前片

2.安装前侧片

① 如图5-150所示，前侧片对准人台侧中央标示线，面料丝缕保持垂直状态。拼合前片与前侧片，腰部留出适当的放松量。用大头针固定。

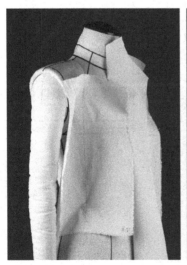
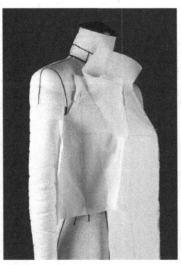
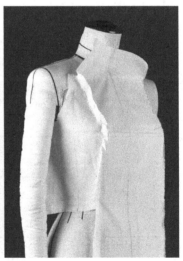

图5-150　安装前侧片

② 将前侧片（下）的中心线对准人台侧中央的标示线。将腰围线上的余量收成两个工字褶，注意褶裥量的分配要均匀。将上侧片覆盖在下摆上并用大头针固定，用水平针别和。如图5-151所示。

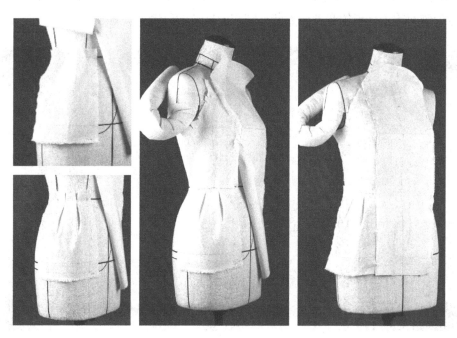

图5-151　安装前侧片（下摆部分）

3.制作后片

如图5-152所示，将后片的中心线和胸围线对准人台标示线。为了塑造背部的收腰效果，从左端45°方向打剪口至腰围线处，拉拽面料使后中心线向左移动0.7～1cm，用贴条标出新的后中心线。后片右端按照人台的标示线剪切多余面料，整理后片。

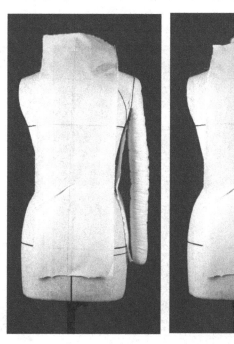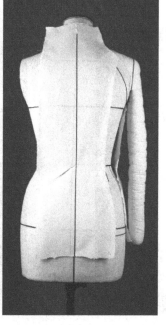

图5-152　制作后片

4.制作后侧片

如图5-153所示，将后侧片（上）固定到人台上，根据人台标示线裁剪面料。后侧片（下）的方法参考前侧片，确定后侧面的工字褶的宽度与数量，别和前后片的侧缝。

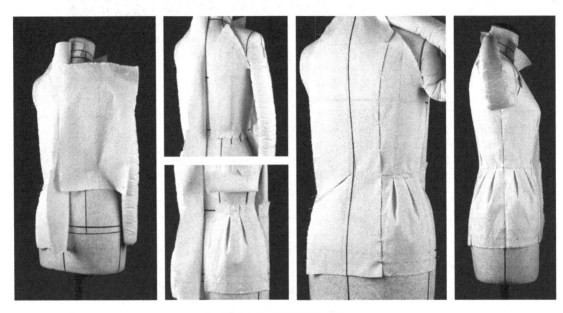

图5-153　后侧片的制作

5.整理前后片

如图5-154所示，根据人台上插肩袖的标示线，留1cm缝份，剪去前后衣片肩部的多余面料。

6.绱袖

① 如图5-155所示，用立体裁剪的方法安装插肩袖。将袖片的中心线对准手臂中心线。围绕手臂成筒状，用大头针固定。

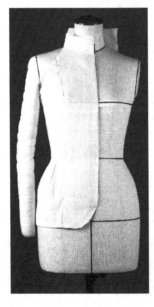

图5-154　整理前后衣片　　　　　　　　**图5-155　绱袖**

② 如图5-156所示，调整手臂处松量，将多余的量推向分割线处，肩部面料与人台保持服帖。

图5-156　插肩袖的肩部调整

③ 如图5-157所示，剪去袖山多余的面料。在插肩袖的肩线位置捏一个省，用大头针固定。将插肩袖的袖片覆盖在衣身上，用大头针别和固定。整理衣身各处缝份。

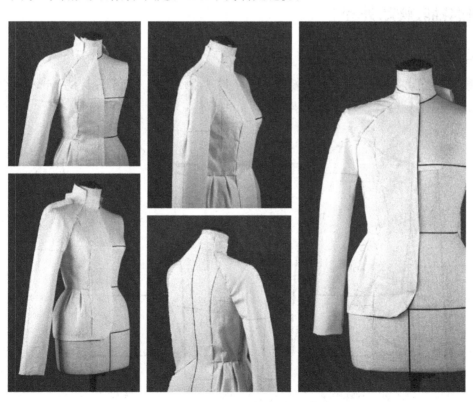

图5-157　完成插肩袖的制作

（五）完成图

图5-158是插肩袖褶裥外套的完成效果图。

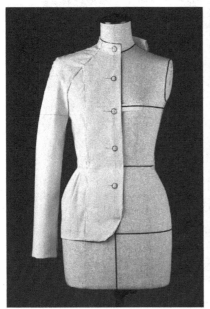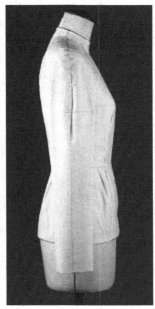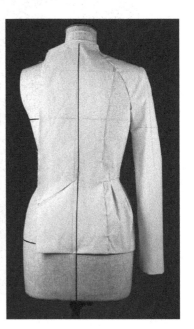

图5-158　插肩袖褶裥外套完成图

三、泡泡袖收腰款外套

（一）款式说明

本款是倒梯形领形的修身外套款式的特点在于将胸省巧妙转化为领部设计的一部分，使衣身线条自然流畅。泡泡袖为一片袖设计。如图5-159所示。

前面　　　　　　　　　　　　后面

图5-159　款式图

（二）人台准备

在人台上标记领围造型及下摆造型，并标示出前、后腰省的位置与长度。根据设计要求加入肩垫。如图5-160所示。

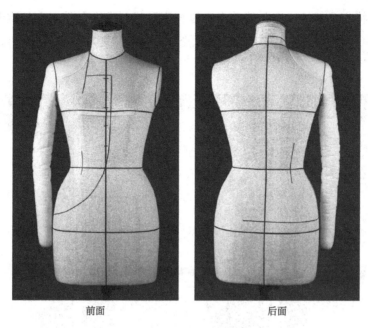

前面　　　　　　　　　后面

图5-160　人台准备

（三）备布

泡泡袖收腰款外套的备布如图5-161所示。

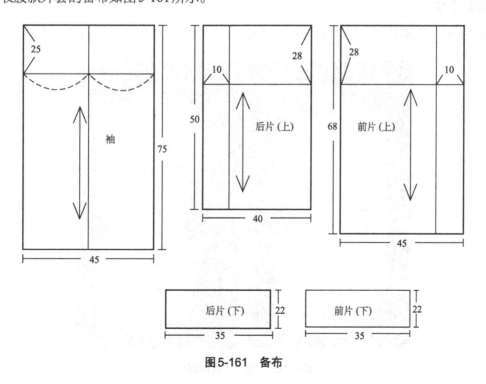

图5-161　备布

（四）布样塑型

泡泡袖收腰款外套的布样塑型主要有以下几个步骤。

1.前片（上）的制作

如图5-162所示，将衣身前片（上）的前中心线与胸围线对准人台前中心与胸围线，用大头针固定。将布片折向侧缝一边，在腰围线处打剪口，修整侧缝与袖窿。将腰部与胸部的省量转移至领围处，剪去多余面料，整理衣片。

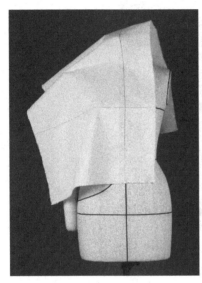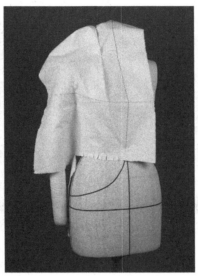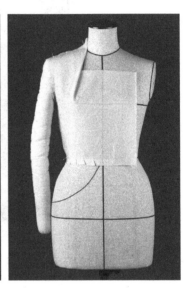

图5-162　前片（上）的制作

2.制作前片下摆

如图5-163所示，将前片的下摆布片覆盖到人台上，沿腰围线处打剪口，使下摆的臀部位置与人台服帖。

图5-163　前片下摆的制作

3.制作后片

如图5-164所示，将衣身后片的中心线对准人台后中心线，用大头针固定，捏出腰省后剪去多余面料。后片下摆的制作方法参考前片下摆。用大头针固定后面的上下片，拼合侧缝。

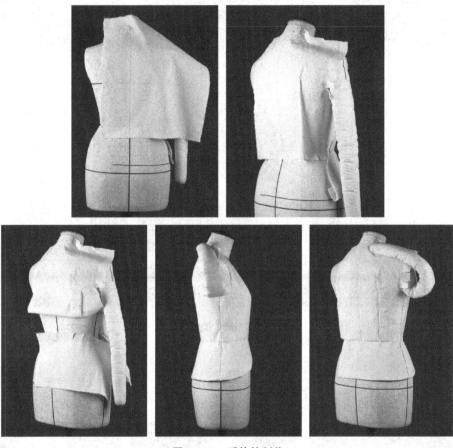

图5-164　后片的制作

4.整理领口与下摆造型

如图5-165所示，整理领围与下摆造型，用贴条标示出袖窿位置。

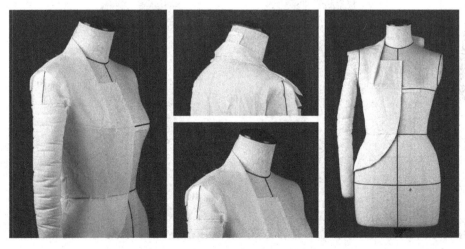

图5-165　整理领部

5.绱袖

如图5-166所示，用大头针将袖片别和成筒状，安装到衣身上。注意肩部叠褶量的分配。

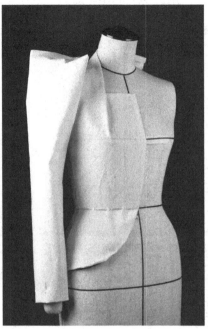

图5-166　绱袖

（五）完成图

图5-167是泡泡袖收腰款外套的完成效果图。

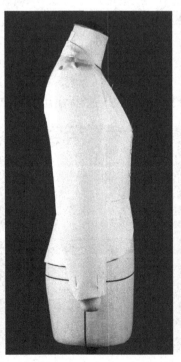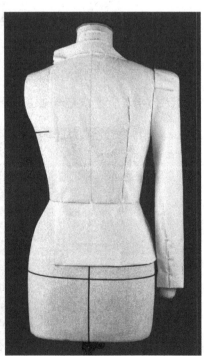

图5-167　泡泡袖收腰款外套完成图

第五节

大衣的立体裁剪应用

一、呢子休闲风衣

（一）款式说明

此款为配有帽子的直筒廓形休闲风衣。前后衣片在上胸围线位置有分割线设计，可配牛角扣，是一款轻便、舒适的日常大衣，如图5-168所示。

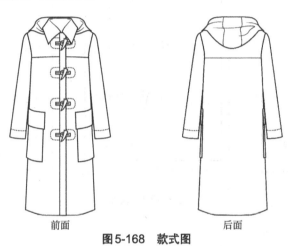

前面　　　　　　　　　　　　后面

图5-168　款式图

（二）人台准备

在人台上加肩垫。用贴条在人台上贴出前、后上胸围线分割位置，如图5-169所示。

前面　　　　　　　侧面　　　　　　　后面

图5-169　人台准备

（三）备布

呢子休闲风衣的备布如图5-170所示。

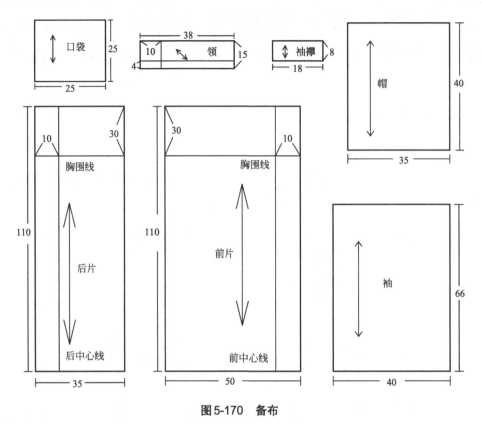

图5-170　备布

（四）布样塑型

呢子休闲风衣的布样塑型步骤如下。

1.制作前片

如图5-171所示，将前片固定在人台上，调整松量后沿人台的标示线将多余面料剪去。

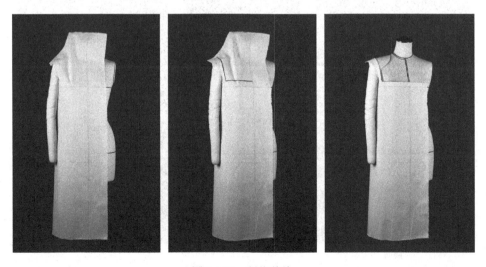

图5-171　制作前片

2.制作前育克片

利用剪下的布片完成前片上半部分，沿领围处打剪口。用大头针固定上下衣片（图5-172）。调整布片与人台的合体度，在前片的袖窿处打剪口。保持前片的胸围线对准人台胸围线，在后腋点下垂直贴条定位侧缝线。

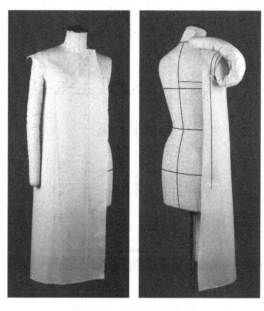

图5-172　制作前育克片

3.制作后片

如图5-173所示，将后片固定在人台上，沿人台上的标示线贴出后分割造型。留1cm缝份，剪去多余面料。将剪掉的布片覆盖在人台上，沿领围线处打剪口，使面料与人台保持服帖。用大头针固定后面的上下片。别和侧缝。

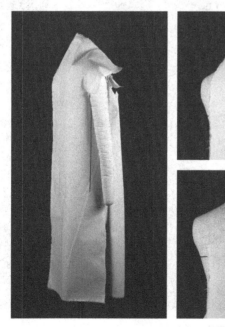
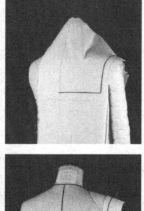

图5-173　制作后片

4.制作袖子

① 风衣袖采用平面作图, 如图5-174所示。

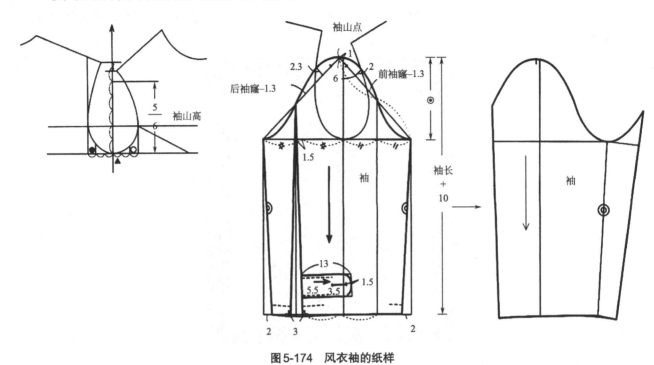

图5-174　风衣袖的纸样

② 如图5-175所示, 对准袖子与衣身袖窿处的对位点, 用大头针将整理好的袖子装到衣身上。

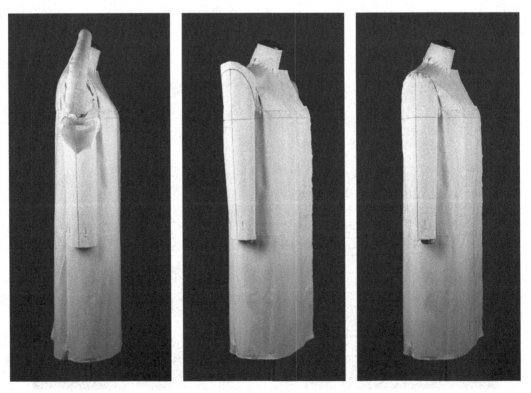

图5-175　绱袖

5. 制作领子

如图5-176市场，将领子的中心线对准人台后中心线，将领片包裹颈部，在保持领子与颈部保留适当空隙的同时，在领围外缝份处打剪口。

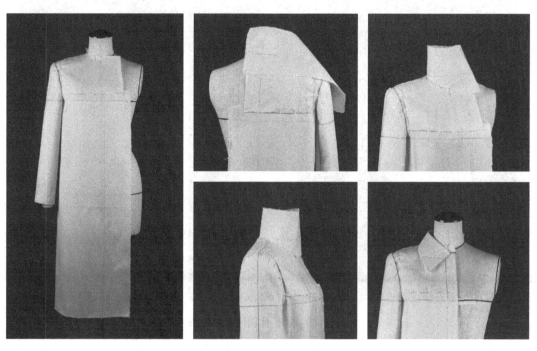

图5-176　领子的制作

6. 制作帽子

帽子采用平面作图，按图5-177裁好布片。如图5-178所示，别和帽子后用大头针固定在衣身上。

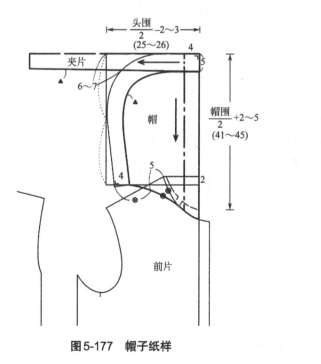

图5-177　帽子纸样

图5-178　安装帽子

（五）完成图

呢子休闲风衣的完成效果如图5-179所示。

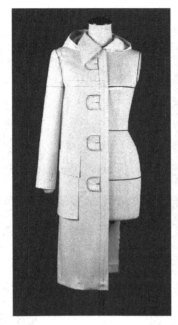

图5-179　呢子休闲风衣完成图

二、战壕式宽松款风衣

（一）款式说明

本款外套是由第一次世界大战时军队穿用的厚油毡防雨衣演变而来的经典外套款式，如图5-180所示，有前后盖片、双排扣、肩章、腰带等款式特征。

前面　　　　　后面

图5-180　款式图

（二）人台准备

在人台上标记风衣的门襟位置、翻领高度及插肩袖的造型。用贴条标示出前后盖片的位置。如图5-181所示。

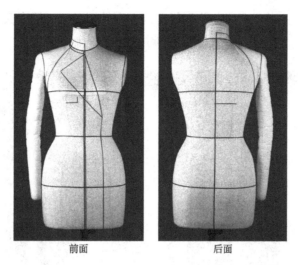

前面　　　　　　　后面

图5-181　人台准备

（三）备布

战壕式宽松款风衣的备布如图5-182所示。

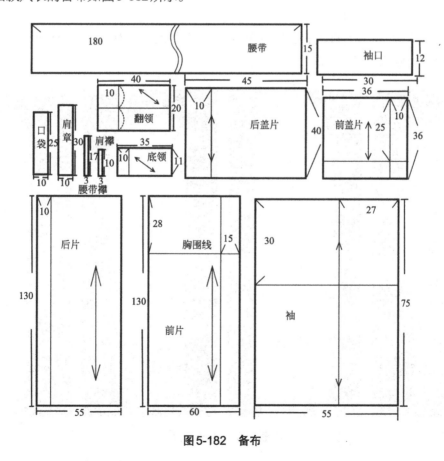

图5-182　备布

（四）布样塑型

战壕式宽松款风衣的布样塑型主要步骤如下。

1.制作前片

如图5-183所示，将前片的前中心线与胸围线对准人台的标示线，用大头针固定。在驳领翻折点处打剪口，并沿翻折线翻折布片。捏出胸省，沿标示线剪出缝份并点影。

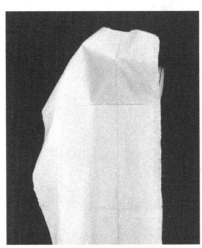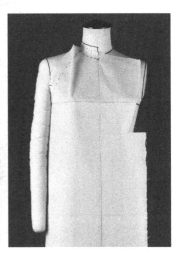

图5-183　制作前片

2.制作后片

将后片的中心线与胸围线对准人台上的标示线。修整后领围，捏出肩省。整理缝份，用大头针拼合前后片侧缝。如图5-184所示。

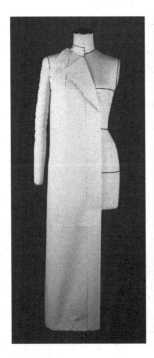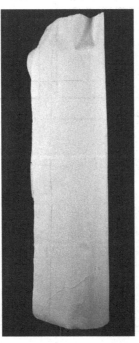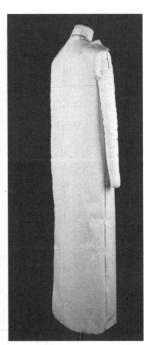

图5-184　制作后片

3.制作前后盖片

将前盖片的中心线和胸围线与人台上标示线对齐（图5-185）。沿人台标示线剪出前盖片造型并点影。后盖片的制作方法与前盖片相同。别和前后盖片，从侧面观察呈现小A型造型。

图5-185　制作前后盖片

4.绱袖

① 如图5-186所示，将袖片覆盖在人台手臂上。袖片围绕手臂成筒状，调整手臂处的放松量，用大头针固定袖窿底部。

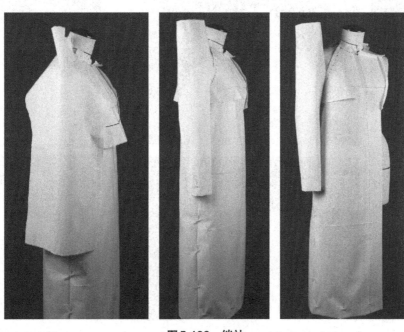

图5-186　绱袖

② 如图5-187所示，保持肩部面料与人台服帖，将多余的量推向肩部。将肩线上的余量捏成一个省，用大头针固定。将插肩袖的袖片压盖在衣身上，用大头针固定。

图5-187　完成袖子的制作

5.制作底领

① 将底领的后中心线对准人台的后中心线。在领口线缝份处打剪口，使领片包裹颈部，并与颈部保留适当空隙，如图5-188所示。

② 如图5-189所示，确定底领的高度并整理缝份。在领口、领高等位置点影。

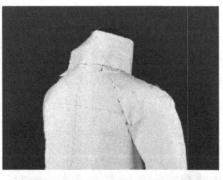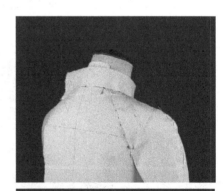

图5-188　制作底领　　　　　　图5-189　确定底领高度

③ 取下底领，将缝份置于内侧，按点影位置熨烫整理领型（图5-190）。用大头针固定到衣身。

6. 制作翻领

① 如图5-191将翻领的标示线对准底领的后中心线。按照衬衫领的制作方法绱领。

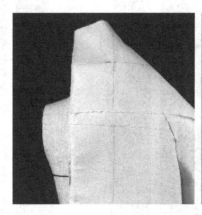
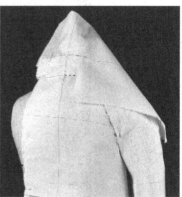

图5-190　整理底领　　　　　　　　　　　　　图5-191　固定翻领

② 如图5-192将翻领翻折下来，用笔或贴条标记领子造型，整理翻领的缝份。完成翻领的制作。

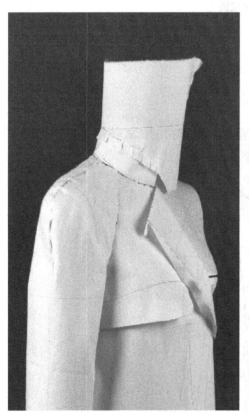

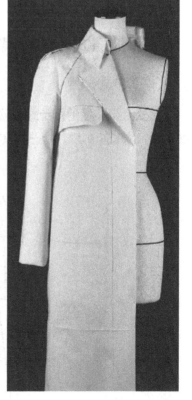

图5-192　制作翻领

（五）完成图

战壕式宽松款风衣的完成效果如图5-193所示。

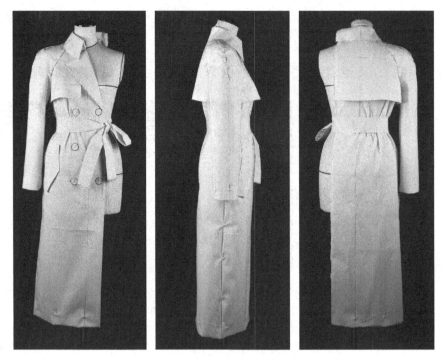

图5-193　战壕式宽松款风衣完成图

三、披肩式斗篷波浪裙摆大衣

（一）款式说明

此款为带斗篷的修身式长款外套。具有可拆卸的短斗篷、翻领、双排扣的款式特征。腰部收紧、下摆放量，衣长至脚踝，是一款具有复古、优雅风格的大衣，如图5-194所示。

前面　　　　　　　　后面

图5-194　款式图

（二）人台准备

在人台上标记大衣的前后分割线，分割线为公主线造型，如图5-195所示。

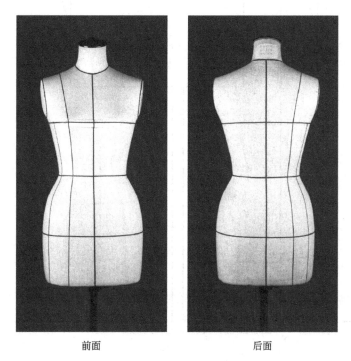

前面　　　　　　　　　　后面

图5-195　人台准备

（三）备布

披肩式斗篷波浪裙摆大衣的备布如图5-196、图5-197所示。

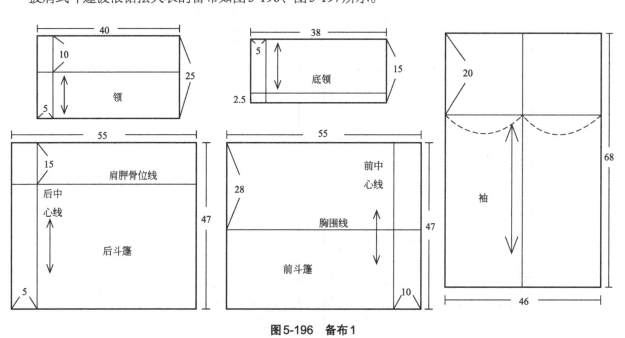

图5-196　备布1

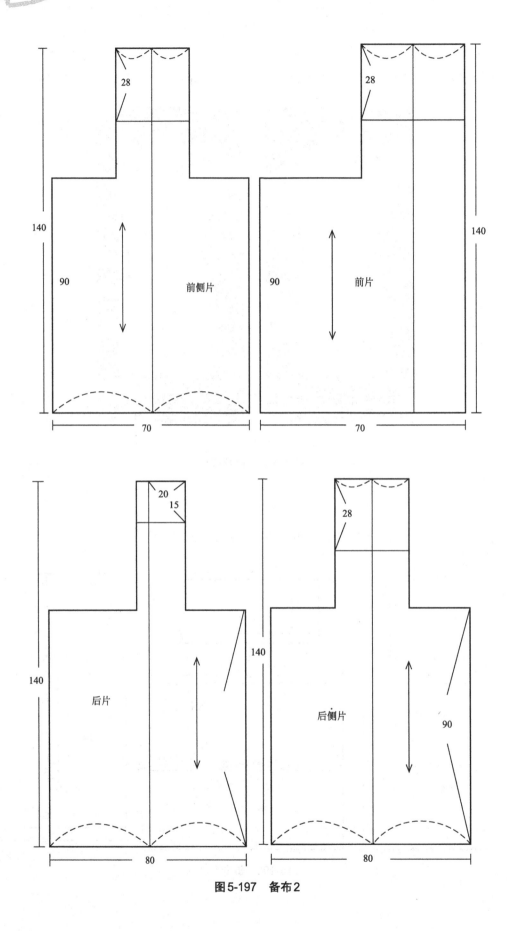

图5-197　备布2

（四）布样塑型

披肩式斗篷波浪裙摆大衣的布样塑型主要步骤如下。

1. 制作前片衣身

如图5-198所示，将前片的前中心线对准人台前中心线，用大头针固定。修剪前领围。沿公主线剪去多余面料，调整下摆波浪量。

图5-198 制作前片衣身

2. 制作前侧片衣身

如图5-199所示，将前侧片的中心线对准人台侧中线，固定衣片。沿公主线剪去多余面料，在腰围线处打剪口，使布片腰部与人台保持服帖。调整侧片下摆的波浪量，用大头针对合前片与前侧片。

图5-199 制作前侧片衣身

3.制作后片

如图5-200所示，用大头针固定后片。修后前领围。沿公主线剪去多余面料，调整下摆波浪量。

图5-200　制作后片

4.制作后侧片

如图5-201所示，后侧片的制作方法参考前侧片。注意前后衣片的下摆波浪量要保持一致。

图5-201　制作后侧片

5. 制作领子

如图5-202所示，将翻领的后中心线对准衣身的后中心线，可参考衬衫领方法安装大衣的领子部分。完成后的翻领与人台颈部需保持适当空隙。

图5-202　制作领子

6. 制作袖子

① 如图5-203所示，沿前后衣片的袖窿处点影，并整理缝份。将袖片覆盖在人台手臂上。袖片围绕手臂成筒状，调整袖子造型后将袖子底部固定到衣身上。

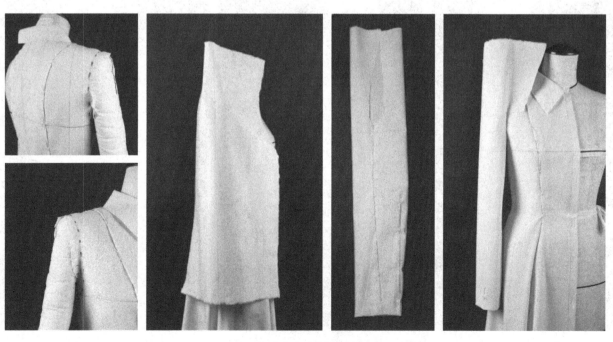

图5-203　制作袖子

② 如图5-204所示，确定袖山高后剪去多余面料。用大头针固定。将袖山固定到袖窿的过程中要注意缩缝量的分配。

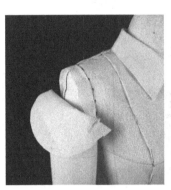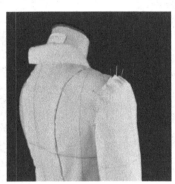

图5-204　绱袖

7.制作斗篷

如图5-205所示，将斗篷前片覆盖在人台上，沿领围线处打剪口，调整波浪量。后片用同样方法操作。拼合肩缝与侧缝。

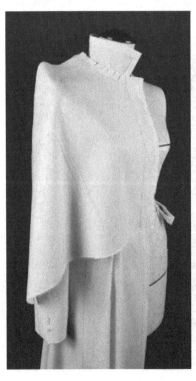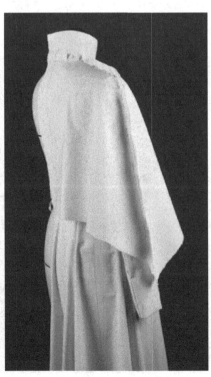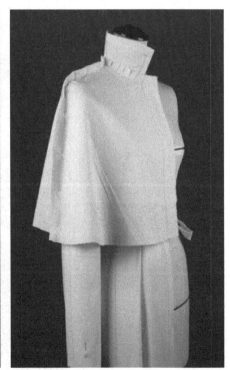

图5-205　制作斗篷

8.确定衣长

用L形尺测量确定衣长的位置，减去多余部分，整理下摆，如图5-206所示.

图5-206　确定衣长

（五）完成图

波浪裙摆大衣完成效果如图5-207和图5-208所示。

图5-207　波浪裙摆大衣完成图（不带披肩部分）

图5-208 波浪裙摆大衣完成图（带披肩部分）

第六章

立体裁剪的创新设计应用

　　立体裁剪的创新设计应用是在掌握基本技法的基础上，加入特殊的造型方法与塑型手段，实现较为复杂夸张的造型与创意设计。具体操作中，需要根据面料特性、造型要求，选择合适的创意设计应用方法。本章介绍的立体裁剪创新设计应用方法可分为自由分割法、省道分割法、褶裥法、层叠法、编织法、斜裁应用法、交叉扭转法、堆积法、绣缀法、几何体法。

第一节 自由线分割法

一、自由线分割法的操作原理

省道处理是服装造型设计中，使服装更加贴合人体体形的必要手段之一，可分为基础线分割法与自由线分割法（图6-1）。

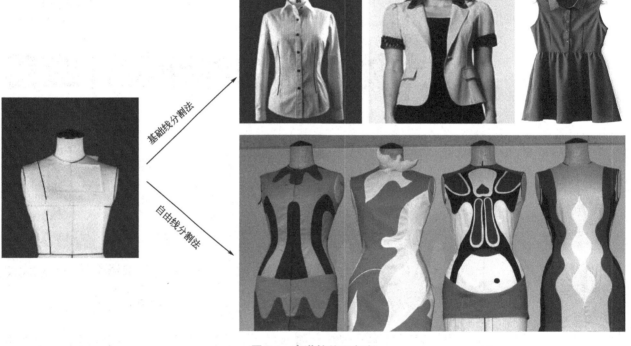

基础线分割法

自由线分割法

图6-1　省道的处理方法

基础线分割法中的省道及分割线主要是使用原型中出现的肩省、胸省和腰省的结构原理，或只做简单的省道转移，线条呈现近似直线状态。由于基础线分割的造型方法简单快捷，故多用于各类成衣造型设计中。在一些创意设计中，为了塑造理想的比例和完美的造型，则采用自由线分割的方法。

自由线分割是将直线条的省道转移到其他设计所需的特定位置，这种自由线分割的省道同样以人体体形为依据，既能满足人体的舒适度与运动等功能性需要，又能顺应人体曲面形态，从而达到既定的创新造型或较为抽象的设计效果。

自由线分割的线条设计可以是直线，也可以是几何曲线或自由曲线，但不出现原型中的基础省道痕迹。灵活地运用自由线分割设计，需要在理解原型省道转移的基础上进行。原型省道的获取原则是省尖朝向取省面的突出点，例如胸省的省尖都朝向胸高点，肩省的省尖朝向肩胛骨突出点等。在自由线分割中，除了身体各部位的突出点外，还需考虑身体体形中的凹陷位。

自由线分割法的制作原理分为两种情况。

第一种情况是半身的自由线分割应用，自由线的起点可以是服装造型轮廓线上的任意一点。设计自由线条时，必须注意线条要经过分割面的突出点（凸点），这样才能将造型所需的基础分割线转移融合到自由线中。如图6-2所示，上半身进行自由线分割应用时，自由线的起点与终点根据具体设计而定，但是自由线必须经过前面胸高点和背面的肩胛骨突出点等4个凸点，以便更好地处理省量。裙装设计中自由线需经过髂骨隆起点、侧胯突点、臀高点等6个凸点，如设计对象为特定的着装者时，还需考虑具体的形体特征，如腹部突出点等位置。

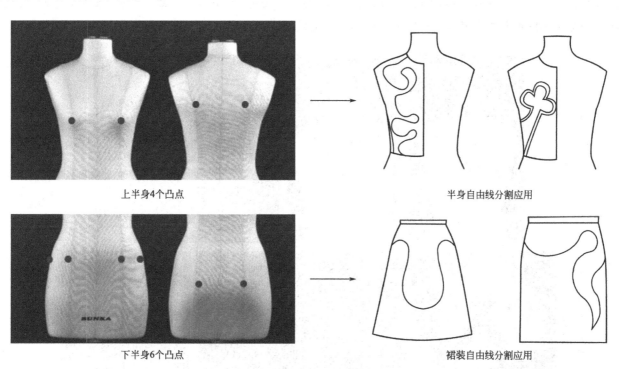

上半身4个凸点　　　　　　　　　　　　半身自由线分割应用

下半身6个凸点　　　　　　　　　　　　裙装自由线分割应用

图6-2　半身自由线分割应用

全身凹凸16点

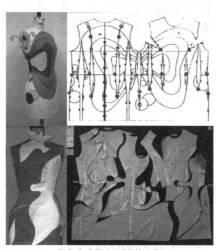

全身自由线分割法的应用

图6-3　全身自由线分割应用

第二种情况是全身自由线分割应用。人体的体形为复杂的曲面，在进行全身自由线分割处理时，需要考虑分割面的突出点（凸点）和凹陷位（凹点）。观察图6-3的人台形态，除了上半身4个凸点和裙装6个凸点外，加入躯干部最细的腰部6凹点，统称为全身凹凸16点。在进行涉及全身的自由线分割设计时，除了需要考虑线条的艺术性、创新性、连贯性外，线条还需要经过全身主要的凹凸16点，以便更好地处理省量，塑造合体的创新造型。

二、自由线分割法的艺术表达方法

自由线分割法的艺术表达方法分为以下两大类。

（一）单纯的自由线分割法

分割线的设计为单纯的线条，不加入其他附加造型手法，分割线的起点与终点可以落在肩线、侧缝线等缝合线或人体突出点上。自由线可以为曲线或直线，根据造型需要进行线迹设计。如图6-4所示，自由曲线起于肩线、终点至于侧缝线。线迹经过两胸高点，巧妙地消化掉前片的省量。按照自由线迹将前片裁开，将两片布版平铺至设计使用的实际面料上整理，并加入缝份进行剪裁。图6-4选用带有条纹的面料，两裁片不同的条纹角度为设计增添了动感与视错效果。

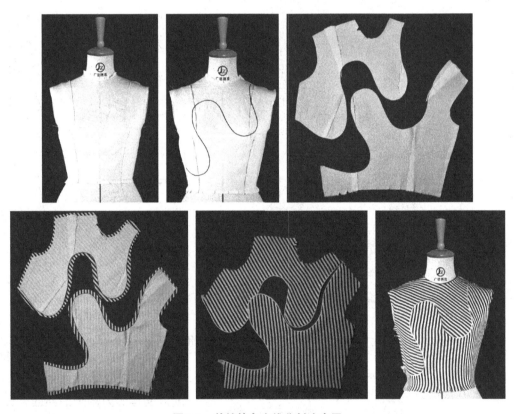

图6-4　单纯的自由线分割法应用

（二）自由线分割法的拓展设计

1.自由线分割＋堆积

在单纯的线条分割基础上进行拓展应用，图6-5、图6-6的分割线迹与图6-4相同。设计中，对两片布板的凸出位置进行了量的追加，使之形成缝合后的堆积效果。

2.自由线分割＋抽褶

在线条分割基础上加入抽褶法，图6-7、图6-8的分割线迹为圆圈，布片剪裁完成后需要对抽褶部分进行展开处理，展开量根据面料材质与褶裥效果进行加放处理。

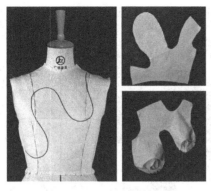

图6-5　自由线分割+堆积1　　　　　　　　图6-6　自由线分割+堆积2

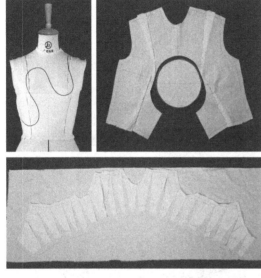
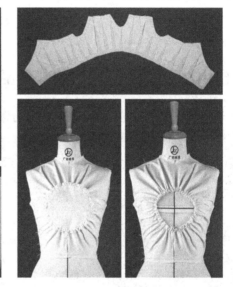

图6-7　自由线分割+抽褶1　　　　　　　　图6-8　自由线分割+抽褶2

3.自由线分割+波浪

在线条分割基础上加入波浪效果，以图6-9为例，上半身为原型设计，腰线以下的部分加入适当波浪量。整理好整体廓形后再进行分割线设计，注意波浪部位需要展开粘贴，并标注序号，以便后期剪裁布片时识别辨认。图6-10为最终呈现效果。

图6-9　自由线分割+波浪1

图6-10　自由线分割+波浪2

三、自由线分割法的立体裁剪作品

图6-11和图6-12展示的是学生进行自由线分割法的立体裁剪的应用作品。

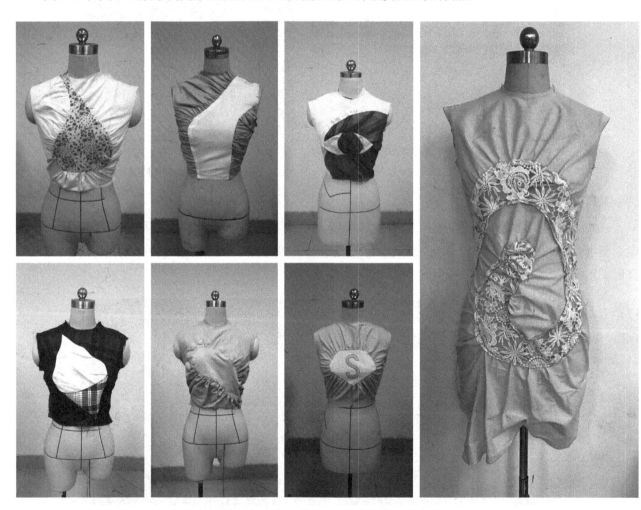

图6-11　自由线分割法的作品1

图6-12　自由线分割法的作品2

第二节 褶裥法

一、褶裥法的操作原理

褶裥法是对布料进行抽缩捏缝处理使之形成褶裥，从而产生必要的量感和折光效应的美感的立体造型方法。褶裥种类很多，表现形式千变万化。常见的褶裥形式有垂褶、叠褶、抽褶、堆褶、波浪褶、工字褶等。运用不同的褶裥形式，能给设计带来丰富的视觉效果，并展现服装造型的独特魅力。如图6-13所示，按褶裥效果可分为规则褶裥和不规则褶裥两大类（图6-13）。

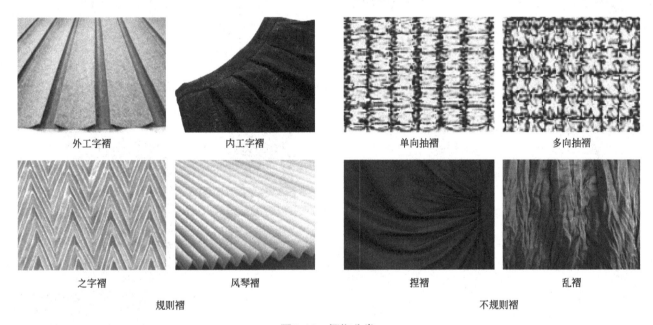

外工字褶	内工字褶	单向抽褶	多向抽褶
之字褶	风琴褶	捏褶	乱褶
规则褶		不规则褶	

图6-13　褶裥分类

（一）规则褶裥

规则褶裥是通过机械方法或手工折叠压制方法，根据面料的材质差异对折褶方式与纹理变化进行设计，产生富有秩序性、持续性和统一性的褶纹图案（图6-14）。其中，用机械方法塑造出的效果均匀细腻，定型效果好。规则褶裥的大小、间隔、长短相同或相似。而在折痕的方向和折褶疏密变化较多、装饰效果较为复杂的情况下，也常使用机械方法来实现三维视觉效果。相比之下，手工压制出的折褶由于没有机械与化学定型药剂的助力，效果更为活络、厚重，适合褶裥保持性较好的化纤类织物。规则褶裥包括顺风褶、工字褶、风琴褶等。

（二）不规则褶裥

不规则褶裥，又称自由褶。不规则褶裥是将面料进行抽缩处理产生较随意的褶，使之形成不规律的、自然形成的、富有层次感的褶纹图案。这类褶裥最大的特点就是它的随意性。代表形式有垂褶、抽褶、波浪褶、堆褶、捏褶、活褶、乱褶等（图6-15）。悬垂性能较好的柔软轻薄类面料是不规则褶裥造型的首选材料。

图6-14　规则褶裥的应用

图6-15　不规则褶裥的应用

二、褶裥法的艺术表达方法

（一）规则褶裥

1.规则褶裥的制作

在服装造型表达中，规则褶裥的制作通常使用手工折叠压制的方法完成。如图6-16所示，在面料的背面绘制折褶线。面料的纱线方向、折褶的宽度应根据褶裥使用的位置和造型需要来确定。折叠后的面料需要熨烫并施压定型。规则褶裥常用的面料为乔其纱、美丽绸等褶裥保持性较好的轻薄面料。在运用手工压制方法时，可借助卡纸，将卡纸裁成与面料同等尺寸，并预先折叠卡纸，面料喷少许水，用大头针固定在有折痕的卡纸上，再进行折叠熨烫施压处理。

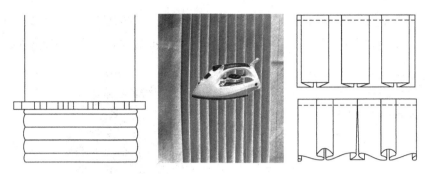

图6-16　规律褶裥的制作方法

2.规则褶裥的应用

图6-17和图6-18为规则褶裥的制作范例。

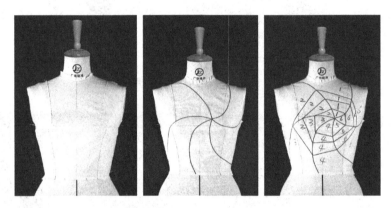

图6-17　规则褶裥的制作范例1

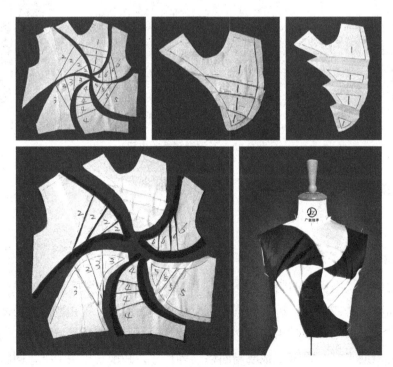

图6-18　规则褶裥的制作范例2

（二）不规则褶裥

1.不规则褶裥的制作方法

不规则褶裥可先将面料做手缝抽褶处理，完成效果后再进行使用，也可直接在人台上边做褶裥边用大头针固定。如面料的覆盖面呈现曲线变化较大时，可适当地调整面料的纱线方向（图6-19）。

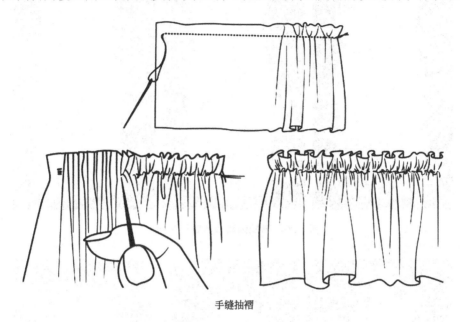

手缝抽褶

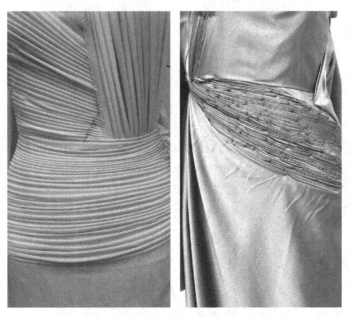

不规则褶裥的制作细节

图6-19　不规则褶裥的制作方法

2.不规则褶裥的应用

图6-20和图6-21展示了不规则褶裥的制作范例。

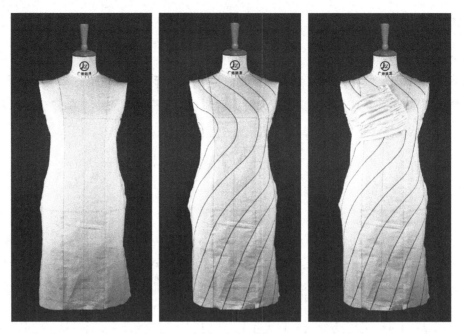

图6-20 不规则褶裥的制作范例1

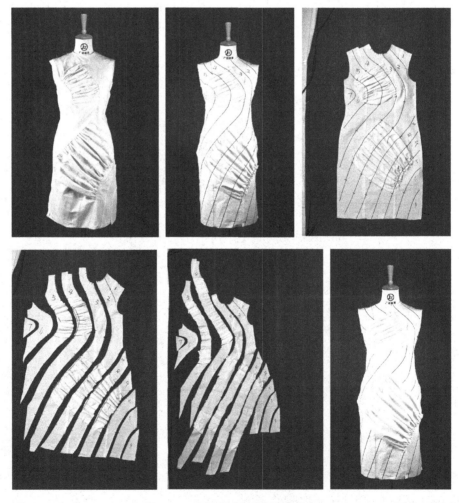

图6-21 不规则褶裥的制作范例2

三、褶裥法的立体裁剪作品

图6-22和图6-23展示了学生运用褶裥制作的立体裁剪作品。

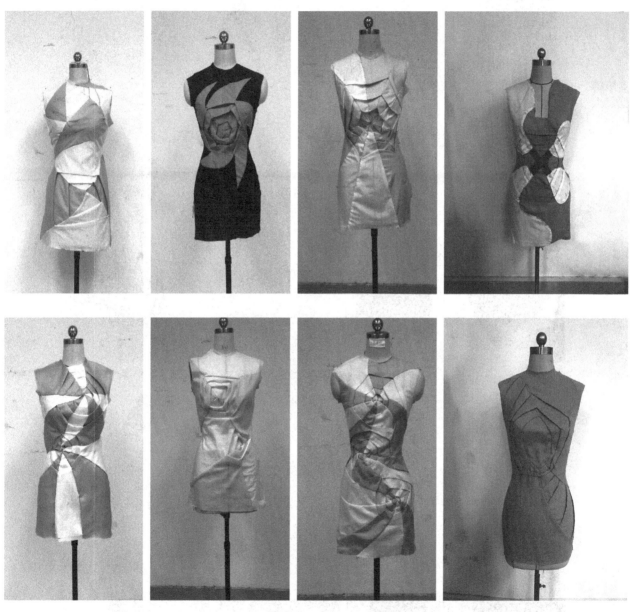

图6-22　规则褶裥的立体裁剪作品

图6-23　不规则褶裥的立体裁剪作品

层叠法

一、层叠法的操作原理

层叠法是将某一造型元素进行有规律的层层叠加的立体构成方法，从而使服装产生富有层次感和动感的外观造型（图6-24），通常使用悬垂性能较好的柔软面料。进行层叠法设计时，需要注意层叠面的大小比例关系，间距可相近或等比加放，避免上宽下窄，以免影响造型的整体视觉效果。

图6-24　层叠法的应用

二、层叠法的艺术表达方法

运用层叠法时，首先需要对层叠的造型元素进行设计。图6-25展示了层叠法中较常用的造型元素，可根据不同的设计需要灵活应用。

扇形元素的褶皱效果

圆形元素的褶皱效果

圆形元素的垂荡效果

造型元素的叠加效果

旋入式造型元素的裁剪效果

图6-25　层叠法的应用

三、层叠法的立体裁剪作品

图6-26展示的是学生应用层叠法制作的立体裁剪作品。

图6-26　层叠法的立体裁剪作品

第四节 绳带编织法

一、绳带编织法的操作原理

绳带编织法是将不同粗细花色的条带状材料，以扎、结、盘、编等方式进行服装造型设计，使作品呈现美观纹样的衣身造型。利用条带状材料完成的肌理装饰，其立体感较强，浅浮雕般的手工编织肌理与平滑织物底纹形成强烈对比，赋予作品独特、强烈的肌理效果。材料可以使用丝带、色丁条、线绳，或将布料折成条或扭曲缠绕成绳状进行制作（图6-27），也可以使用非服用材料装饰作品。

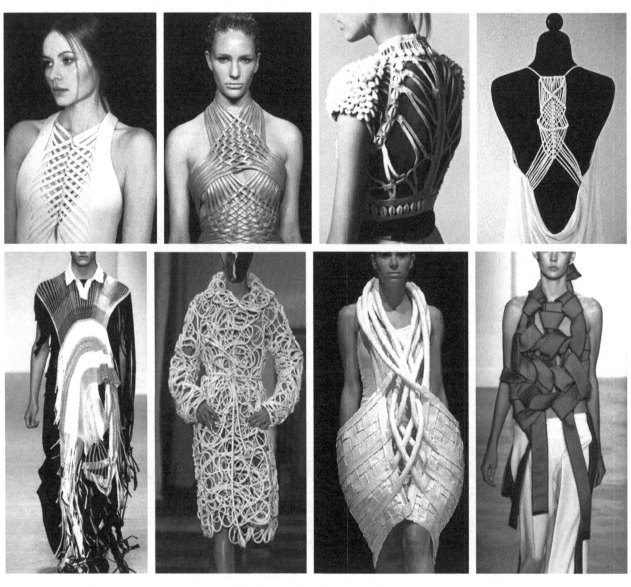

图6-27　绳带编织法的立裁应用

二、绳带编织法的艺术表达方法

（一）缎带编织法

缎带是进行服装设计中较常用的辅料，在编织法中可以作为主要材料进行造型创作。图6-28是对上半身进行局部设计应用。首先，根据造型需要选择是否加打底布，用贴条对需要进行缎带编织的部分粘贴标示。按照贴条指引进行缎带固定，操作时要注意控制缎带间隔。由于缎带没有弹性，随着人体体面角度的变化，较宽的缎带会出现不同程度的浮起褶皱，所以需要注意把控缎带的宽度与人体体表角度的关系。

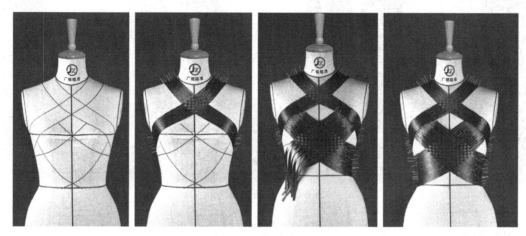

图6-28　缎带编织法

（二）布条编织法

布条编织法中布条的制作方法是对面料进行45°斜裁的条带状切割。根据不同的设计需要，裁好的布条进行堆褶或两侧收边，熨烫后待用。面料在45°角度时会呈现较大的伸展性，因此，45°斜裁条比缎带更富有弹性，应用空间更灵活。条带的宽度取决于适用部位的体表角度变化以及面料本身具有的伸展性，如图6-29和图6-30所示。

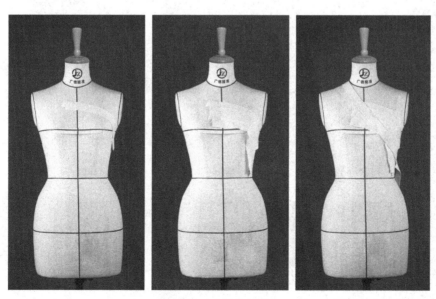

图6-29　布条编织法1

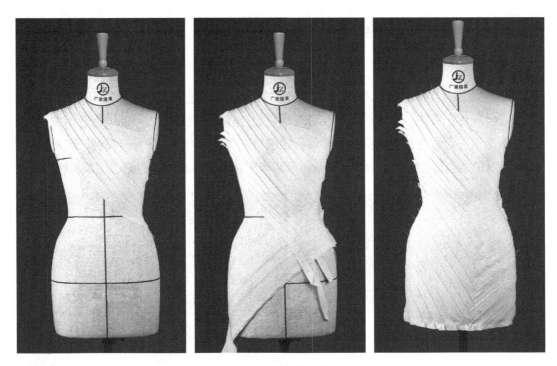

图6-30　布条编织法2

（三）线绳编织法

　　线绳编织法是利用线状或绳状的材料进行立体裁剪造型应用。设计中线绳编织可以用于局部造型（图6-31左图），也可以用线绳作为经纱，纬纱方向使用线绳类、面料的布条、缎带、毡条等材料进行图案设定与造型编织（图6-31右图）。

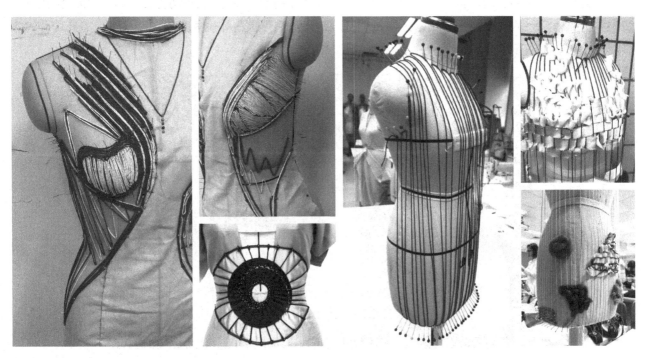

图6-31　线绳编织法

三、绳带编织法的立体裁剪作品

图6-32展示了应用绳带编织法制作的立体裁剪作品。

图6-32　绳带编织法的立体裁剪作品

第五节
斜裁应用法

一、斜裁应用法的操作原理

被称为"斜裁大师"的MadeleineVionnet（维奥特）开创了斜裁的制作工艺，造就了这种崭新独特的女装结构。她巧妙地运用斜纹方向给面料带来的悬垂特性，使其呈现一种线条流畅、自然简约、自然垂荡的效果。利用斜裁后面料的自然垂坠，使衣服仿佛身体的第二层肌肤般服帖轻盈，勾勒出女性曼妙的体态。斜裁的飘逸效果更能体现出女性完美的气质感（图6-33）。通常，绸、丝、纱、缎、绒等轻薄、悬垂性能好的面料应用斜裁最为广泛。

图6-33　Madeleine Vionnet 的斜裁作品

二、斜裁应用法的制作原理

在使用面料进行服装造型设计时，除了需要控制好廓形结构，面料纱线方向的运用也十分重要。图6-34是面料在平铺与自然下垂时，经纱方向的面料与45°斜纹方向的面料所呈现出的不同状态示意图。45°斜纹方向的面料在自然下垂的状态中，由于面料本身的重力影响，经纬纱线的交织角度发生变化，由原本的近似直角状态拉伸为菱形，进而增强面料的悬垂效果。这一点，在面料各角度悬垂性能试验中都得到很好的验证。试验中，裙装全部使用相同的纸样，使用面料的不同角度进行剪裁并观察其呈现的着装效果。

图6-35是使用面料的经纱方向与45°斜纱方向，剪裁相同的裙装纸样。从裙装的着装效果来看，经纱方向裙摆的波浪量主要集中在侧面，整体分布不均匀，视觉效果不佳。而45°斜纱方向的裙摆呈现均

匀分布，裙身波浪褶自然顺畅，视觉效果明显优于其他纱线角度。在应用斜裁时需要注意，选择面料的纱线角度、最终所呈现的效果与面料自身的厚度、弹性、软硬度等材质有关，需要具体案例具体分析。

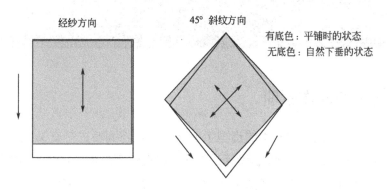

图6-34　面料在平铺与自然下垂时的状态

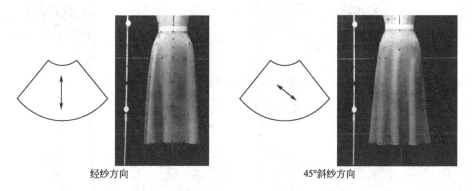

图6-35　经纱方向与45°斜纱方向的裙摆效果

三、斜裁应用法的立体裁剪作品

图6-36是应用斜裁法制作的立体裁剪作品。

图6-36　斜裁应用法的立体裁剪作品

第六节 交叉扭转法

一、交叉扭转法的操作原理

交叉扭转法是创意类服装设计中常用的造型手段之一，是将面料进行交叉或扭转处理，使其形成相互扭转的视觉效果。这种方法主要用于女装设计，因交叉或扭转而产生的扇面线条效果可以体现女性的柔美、细腻，同时还带有几分干练与知性（图6-37）。交叉扭转法分为交叉与扭转两种操作方法。

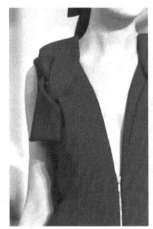

图6-37　交叉扭转法的立体裁剪应用

二、交叉扭转法的艺术表达方法

（一）交叉法

交叉法通常使用两片面料，为了使交叉成形的效果更加稳定，需要预先在交叉位置进行抽缩处理，再将缩缝后的面料进行交叉定位，使其达到设计效果。当面料的宽度较大时，抽缩处理会使面料的交叉位增厚而影响整体的视觉与造型效果。可以适当对面料进行剪裁整理，形成交叉位窄，两端宽的裁片，再进行交叉处理，如图6-38所示。交叉法较适合柔软轻薄的面料，如雪纺、软缎、绉纱、单面汗巾等。

图6-38　交叉法

（二）扭转法

1.单片面料扭转法

扭转法可以用单片面料进行扭转处理，也可用两片面料实现扭转效果。图6-39是将一片面料的单边进行翻转，面料呈现从翻转扭转位向外侧的放射状褶纹。翻转的次数与扭转角度可根据面料的材质与设计需要而定。

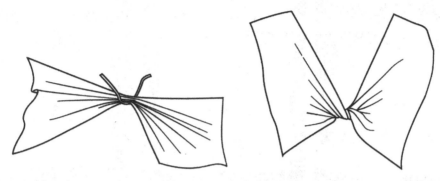

图6-39　单片面料扭转法

2.双片面料扭转法

（1）双片面料点固定扭转法　图6-40是将两片面料重叠放置，在需要扭转的位置进行点固定，也可以在该位置车缝十字符号。只扭转上层的面料，同时调整因扭转所产生的放射形褶皱，直至达到所需要的造型效果。扭转会影响整体造型的厚度与褶皱状态。在服装设计运用中，可先对需要扭转的部分进行小样制作，以便掌控面料的成型效果。

图6-40　双片面料的点固定扭转法

（2）双片面料镂空固定扭转法　双片面料镂空固定扭转法是区别于点固定扭转法的造型表现手段之一。取双片面料，重叠后在面料中央车缝圆形，留0.5cm的缝份将圆心进行镂空处理。再将底层面料从圆心处翻出整理。重复点固定扭转法的制作方法，固定下片扭转上片，随着扭转角度的增加扭转部分的厚度也随之加大。在具体造型中需要注意面料的选择、镂空圆形的大小和扭转角度的关系，使其达到理想的造型效果，如图6-41所示。

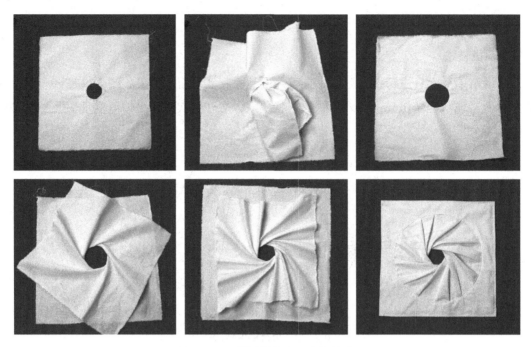

图6-41　双片面料镂空固定扭转法

（三）交叉扭转法的立体裁剪应用

图6-42是应用单片交叉扭转法制作的立体裁剪应用作品；图6-43是应用双片扭转法制作的立体裁剪应用作品。

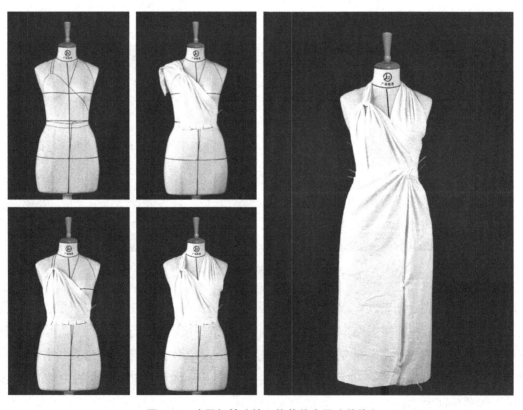

图6-42　交叉扭转法的立体裁剪应用（单片）

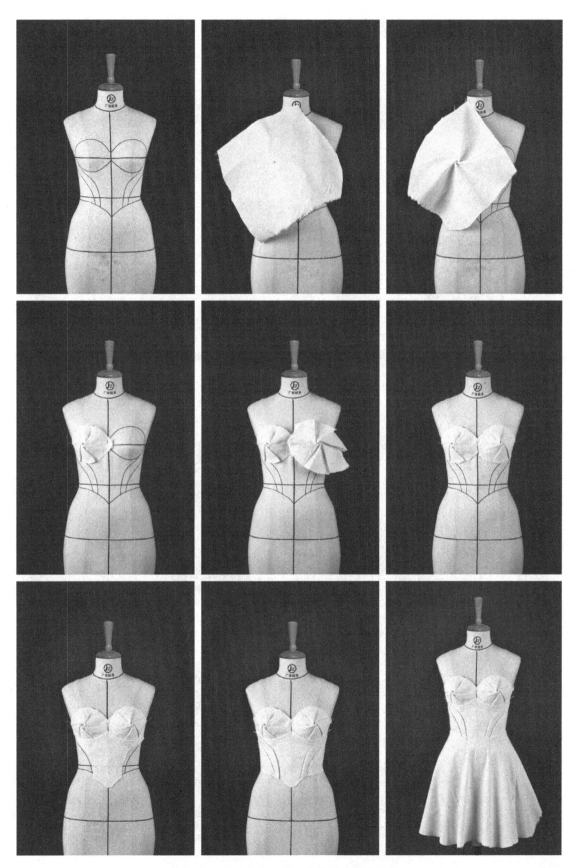

图6-43 交叉扭转法的立体裁剪应用（双片）

三、交叉扭转法的立体裁剪作品

图6-44为应用交叉扭转法制作的立体裁剪作品。

图6-44　交叉扭转法的立体裁剪作品

第七节 堆积法

一、堆积法的操作原理

堆积法是女装设计中较常用的立体构成技术手法之一，根据面料的软硬度与薄厚程度，从多个不同方向对面料进行挤压处理，使之呈现不同程度的隆起，形成不规则的、自然的、富有立体感的堆褶效果。堆积法可以用于局部造型，也可进行整体造型设计。堆积法的操作方法简单，但是将所有的堆积量保持密度一致还需要长期练习，如图6-45所示。

图6-45　堆积法的立体裁剪应用

二、堆积法的艺术表达方法

（一）面的表现

使堆积的造型以面的形态展现，多用于服饰的上衣，如图6-46所示，对上衣前片进行堆积塑型。先使用面料的斜纹方向，在需要堆积的位置做均匀的褶量处理。手指从堆积点下方5cm处向上推挤面料，形成堆积效果。需要注意的是，操作时从左至右、自上而下有序地进行塑型较容易得出均匀的堆积效果，如图6-47所示。

图6-46　堆积法的制作过程（面的表现一）

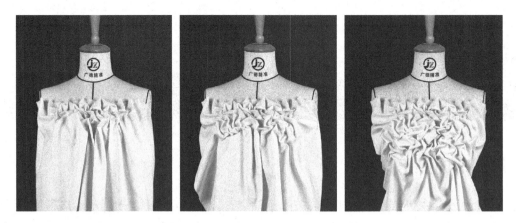

图6-47　堆积法的制作过程（面的表现二）

（二）体的表现

通过堆积法，使最终的效果呈现体的造型。这种方法多见于裙装，以及用于特殊部位的造型需要。图6-48是使用双层面料进行折叠后制作的裙身，运用面料可塑性强的质感与力学性能，塑造出最终的堆积效果。

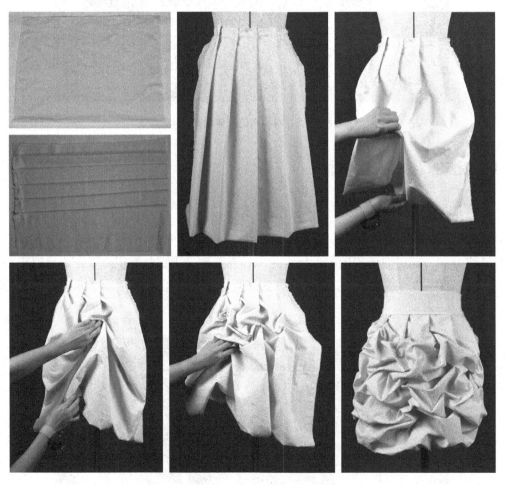

图6-48　堆积法的制作过程（体的表现）

三、堆积法的立体裁剪作品

图6-49展示了运用堆积法制作的立体裁剪作品。

图6-49　堆积法的立体裁剪作品

第八节

绣缀法

一、绣缀法的操作原理

绣缀法属于面料的二次变形设计，是将面料进行循环单位的手工缝缀，运用折叠、缝纫、刺绣或粘接等方法改变面料的原本形态，经过排列重构、组合变化形成疏密、凹凸、节奏、均衡的布纹肌理。绣缀法可以赋予面料个性和独特的设计风格，极大限度地展现面料的立体感、层次感与动感，使服装的视觉美感和功能得到全新的诠释。绣缀法又可细分为缝绣与缀饰。

（一）缀饰的应用

缀饰是对某一形态的设计元素进行叠加组合，而形成造型效果的方法，如图6-50所示。

图6-50　绣缀法的立体裁剪应用

（二）缝绣的应用

缝绣是按照一定规律或针缝轨迹对面料进行缝绣处理而形成造型效果的方法，如图6-51所示。

图6-51　绣缀法的立体裁剪应用

二、绣缀法的艺术表达方法

（一）缀饰的制作

1.点缀方法

图6-52是运用点元素叠加的方法进行作品的塑型。本范例中选用了4cm×4cm的布片，用大头针穿过中心点，固定在造型区域，呈现一个点元素状态。将若干片相同的布片进行有规律且等距的排列，完成造型区域的肌理效果。

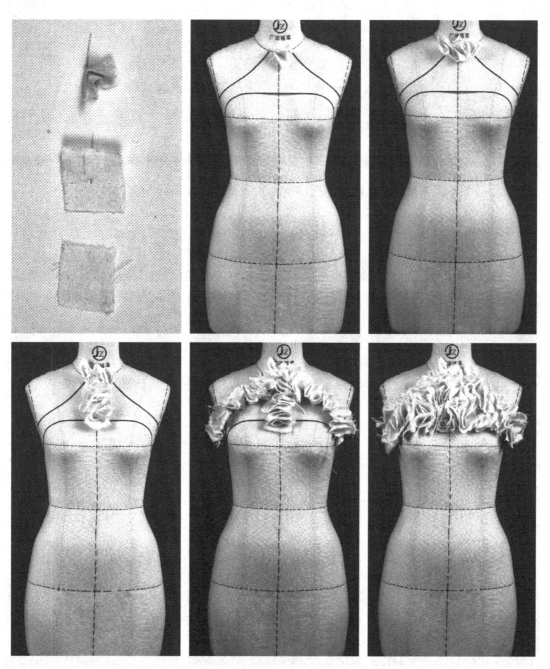

图6-52　绣缀法之点缀制作方法

2.线缀方法

线缀法是对线元素进行有序叠加的塑型方法。将3cm宽的布条进行抽缩处理，再固定到衣身需要造型的区域。抽缩的布条进行等距有序的排列，最终呈现图6-53的肌理效果。

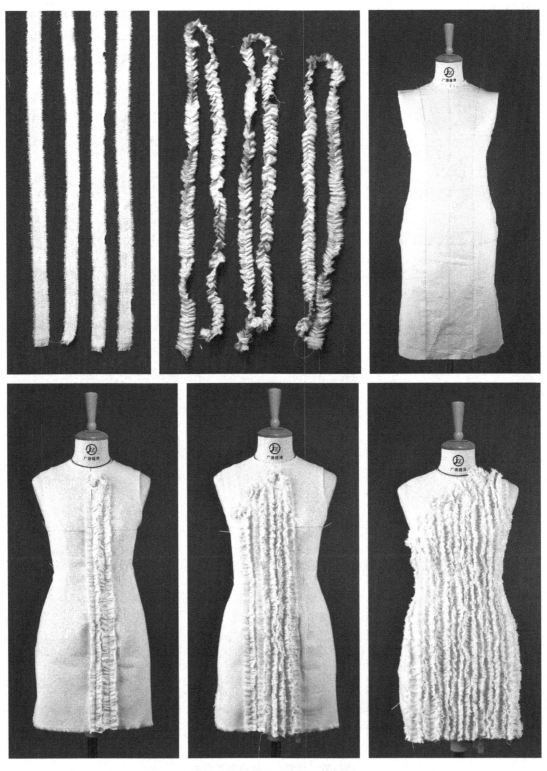

图6-53　绣缀法之线缀制作方法

（二）缝绣的制作

通过有规则的缝绣处理改变面料原有的肌理效果，常用的手法有人字形缝绣、网状缝绣、抽缩缝绣、捏合缝绣等方法。可借助机械完成肌理效果，也可以手工缝制，如图6-54所示。

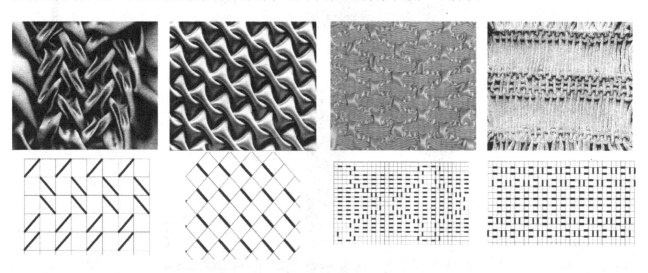

图6-54　缝绣方法

三、绣缀法的立体裁剪作品

图6-55和图6-56是运用绣缀法展示不同肌理效果的立体裁剪作品。

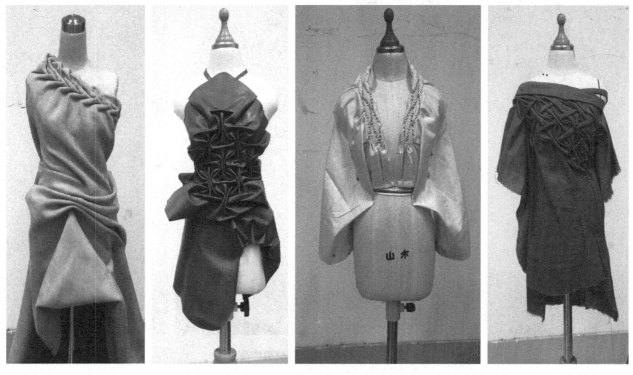

图6-55　绣缀法的立体裁剪作品1

图6-56 绣缀法的立体裁剪作品2

第九节　几何体法

一、几何体法的操作原理

几何体法在创意类作品中较多被应用，是将立体形态融入作品中，形成一种具象的全新的造型手段。几何体法塑造出的作品装饰形式感强烈，具有鲜明的设计特色和装饰倾向性，借助几何体法的应用，可以突破服装设计思想的桎梏和风格的程式化，实现个性化创意设计，如图6-57所示。

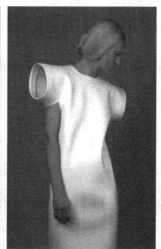

图6-57　几何体法的立体裁剪应用

二、几何体法的艺术表达方法

（一）立体花的制作

花的设计元素一直都是女装设计中永恒不变的主题，不论是运用花形纹样的面料，还是立体造花的装饰点缀；不论是表达童装的天真烂漫，还是凸显礼服的优雅别致，设计师们总是绞尽脑汁，从各个角度以花饰人，来彰显其设计造型的独特魅力。用几何体法完成的立体花型，并不是简单地将花饰置于服装之上进行简单的粘贴或缝合，而是将立体花与服装整体结构融为一体，呈现立体、层次丰富的花卉形态。在运用立体花时，可以以单一形态对局部进行装饰，也可以作为主要设计元素，成为造型的主体。但无论是哪一点，立体花都会成为服装造型的一大亮点，为作品增添生机与视觉冲击力。

图6-58是在上半身原型胸部位置加入花瓣状造型的方法。用坯布折成花瓣状并固定在原型上，花瓣的数量设定为5瓣，添加的顺序由内向外。花瓣固定好后进行整体造型的调整，并用记号笔在原型与花瓣底端点影标记。剪裁后的布版加缝份，用成品面料裁制缝合。

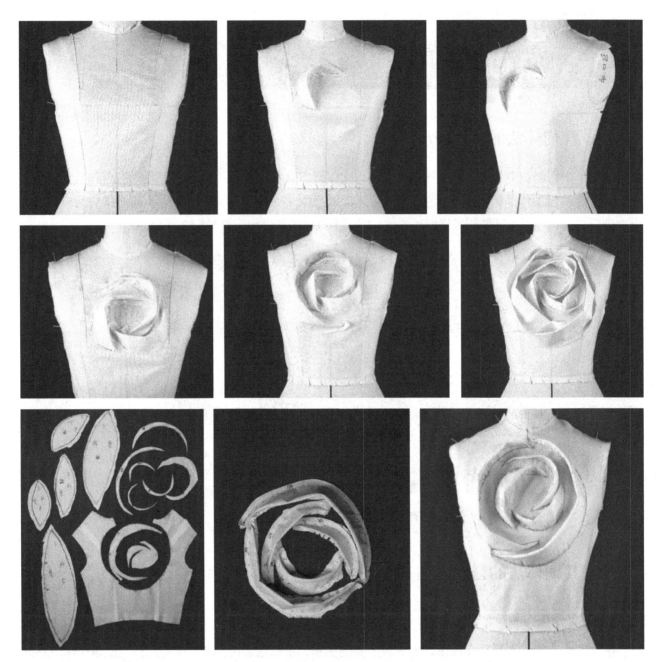

图6-58　立体花的制作过程1

　　图6-59的立体花中运用了旋转堆积等方法。在裙装中加入花卉装饰，方法是将锥型体的坯布固定在预定花卉位置，将锥型体向裙身推进并旋转，形成花形效果。锥型体的底盘大小与锥体的长度以及面料的材质都会影响花形的成型状态，可反复调整形成最佳状态。将调整后的锥型体伸展开，用贴条或记号笔标记结构分割线，此例中为旋转式线形分割。标记位置排序号并裁剪得出布版。用成品面料按布版剪裁并缝合完成作品。

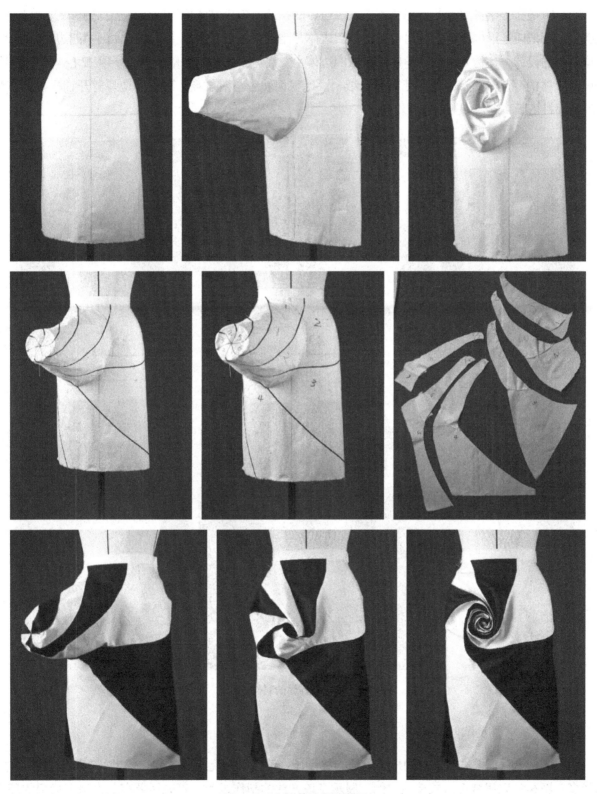

图6-59　立体花的制作过程2

（二）几何体的制作

　　图6-60是在上半身原型的胸部位置加入四边体的案例。先用贴条标记四边体放置的位置，为方便后期剪裁，可把四边形内部剪除。用卡纸制作四边体并用胶带固定在原型上。由于此例中四边体内加入三角体凹陷的设计，还需要制作三角体固定在四边体上。注意三角体为凹陷设计，所以三角体的厚度不能超过四边体的厚度。用记号笔在坯布和卡纸上设计剪切轨迹与对位点，将整体造型剪开铺平得到布版。最后用面料拓版、缝合、整理造型。

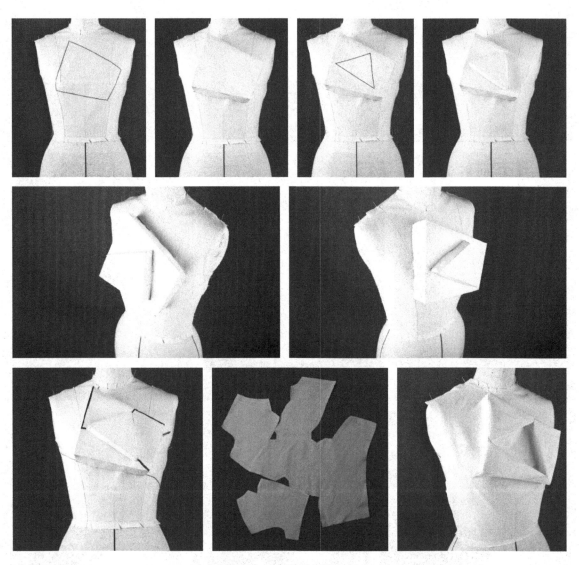

图6-60　几何体的制作过程

（三）旋入式造型的制作

　　旋入式造型法需要结合面料的搭配与结构线设计，可呈现出旋涡般的视觉效果，在创意类作品中应用较多。图6-61以裙装旋入式造型为例，展示了该方法的制作过程。首先用坯布制作造型隆起的部分，并用大头针固定在裙身上。用贴条标识出结构线并排序标记。按照贴条进行剪裁，此时裙片与后固定的隆起部分连成一片布版，用搭配好的面料拓版并缝合整理。

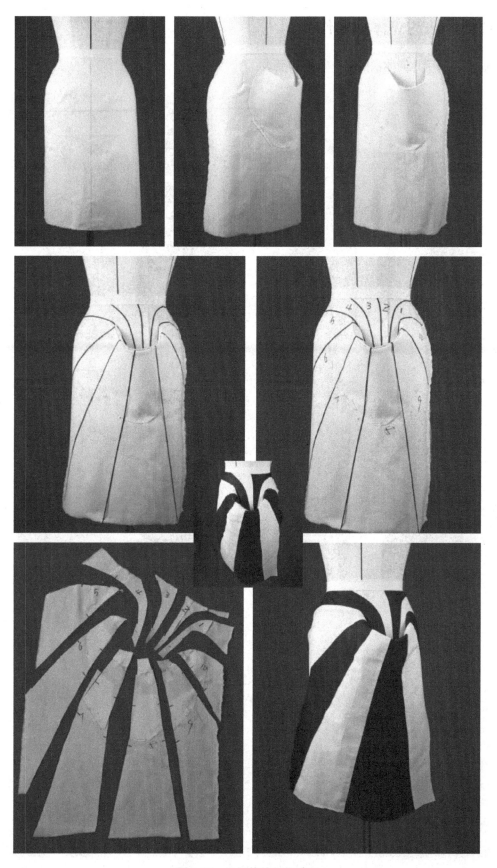

图6-61　几何体的制作过程

三、几何体法的立体裁剪作品

图6-62展示了运用几何体法的立体裁剪作品。

图6-62　几何体法的立体裁剪作品

参考文献

[1] 日本文化服装学院. 立体裁剪基础篇[M]. 东京：文化出版局，2004.

[2] 张文斌，等. 服装立体裁剪[M]. 北京：中国纺织出版社，1999.

[3] 魏静. 服装立体裁剪与制版实训[M]. 北京：高等教育出版社，2008.

[4] 尤珈. 意大利立体裁剪[M]. 北京：中国纺织出版社，2006.

[5] 张祖芳. 服装立体裁剪[M]. 上海：上海人民美术出版社，2007.

[6] 三吉满智子. 服装造型学理论篇[M]. 东京：文化出版局，2007.

[7] 邓鹏举，王雪菲. 服装立体裁剪[M]. 北京：化学工业出版社，2007.

[8] 刘咏梅. 服装立体裁剪技术[M]. 北京：金盾出版社，2001.

[9] 罗琴，徐丽丽. 实用服装立体裁剪（第二版）[M]. 北京：中国纺织出版社，2014.

[10] 张文斌，方方. 服装人体工效学[M]. 上海：东华大学出版社，2008.

[11] 魏静，等. 成衣设计与立体造型[M]. 北京：中国纺织出版社，2012.

[12] 陶辉. 服装立体裁剪基础[M]. 上海：东华大学出版社，2013.

[13] 郑淑玲. 服装制作基础事典[M]. 郑州：河南科学技术出版社，2013.

[14] 朱秀丽，等. 成衣立体裁剪：构成与应用[M]. 北京：中国纺织出版社，2007.

[15] 刘咏梅，等. 服装立体裁剪（创意篇）[M]. 上海：东华大学出版社，2016.

[16] 黄珍珍，等. 实用服装裁剪制板与成衣制作实例—立体裁剪篇[M]. 北京：化学工业出版社，2017.

[17] 尚笑梅，等. 小礼服立体裁剪[M]. 上海：东华大学出版社，2015.

[18] 胡筱，等. 立体裁剪速成[M]. 北京：化学工业出版社，2014.

[19] 章瓯雁，等. 服装立体裁剪项目化教程[M]. 北京：高等教育出版社，2015.

[20] 胡大芬. 服装立体裁剪技术实验教程[M]. 广州：暨南大学出版社，2011.

[21] 王凤岐. 立体裁剪教程[M]. 北京：中国纺织出版社，2014.

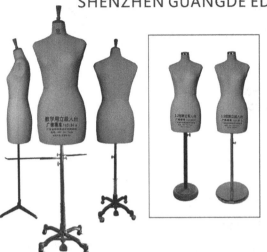

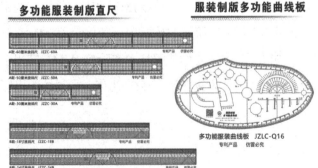

本书二维码

公主线戗驳领外套立体裁剪

紧身衣原型立体造型

宽松式低腰百褶连衣裙
立体裁剪

呢子休闲风衣立体裁剪

裙装原型立体造型

上半身原型立体造型

育克分割式波浪裙立体裁剪

褶裥式宽松衬衫立体裁剪